KB245757

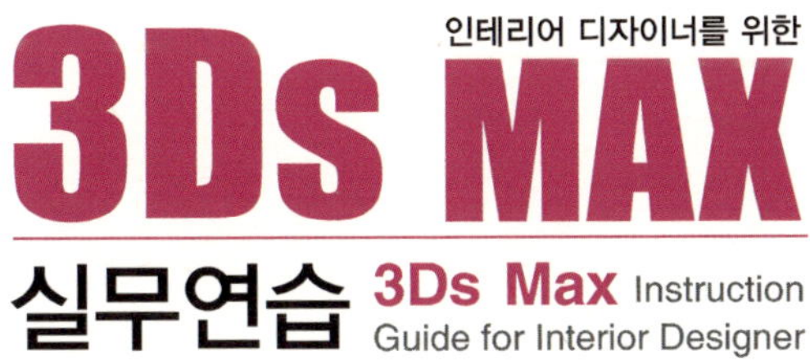

인테리어 디자이너를 위한
3Ds MAX
실무연습 3Ds Max Instruction
Guide for Interior Designer

3Ds MAX

실무연습

3Ds Max Instruction
Guide for Interior Designer

최유식 지음

인테리어 디자인에 있어서 3D Max는 이제 선택이 아닌 필수가 되었습니다.

3D Max는 설계된 디자인을 보다 정확하게 표현하고, 쉽게 이해시키기 위한 가장 좋은 방법이라는 장점을 갖고 있지만 또 한편으론 가장 어렵게 느껴지는 그래픽 프로그램 중 하나이기도 합니다.

이 교재는 실무에서 사용되는 데 필수적인 요소와 기본적인 명령어를 담아 빠른 시간 안에 완성도 있는 작업을 해낼 수 있도록 하였습니다. 또한 책에서 설명하는 명령어는 다년간의 인테리어 실무 경험에서 비롯된 것이며 꼭 필요한 과정들만 모아 서술한 것입니다.

교재의 과정을 따라 차근차근 시행한다면 여러분은 그럴듯한 투시도를 완성할 수 있을 것입니다. 물론 능숙하게 다루기 위해서는 본인 스스로의 노력이 가장 중요하다는 사실을 잊어서는 안 될 것입니다.

이 교재를 통해 어렵게 느껴졌던 3D Max 프로그램에 쉽게 다가가고 보다 빠르게 익히며 동시에 여러분의 업무 능력이 향상될 수 있기를 바랍니다.

2011년 12월 최유식

저자 소개

최유식(CHOI YOOSIK)
PRATT INSTITUTE INTERIOR DESIGN학과 대학원 졸업
경희대학교 조형디자인학과 산업디자인 전공 박사과정 재학 중
㈜ARS DESIGN 설계실 근무
㈜엔이티 디자인 설계실 근무
유한대학 강의전담교수
유한대학 산학협력교수
현) ㈜네트 디자인 대표이사

강의경력
경인여자대학 출강(포토샵, 일러스트, 인터넷 과목)
가천대학교 출강(디스플레이, 캐드, 포토샵, 3D MAX 과목)
한성대학교 출강(포트폴리오, 교양 캐드 과목),
덕성여자대학교 출강(디지털 포트폴리오 과목)
유한대학 출강(3D MAX, 캐드1,2,3 컴퓨터 기초, 컴퓨터그래픽,
실내디자인 과목)

저서
『인테리어 디자이너를 위한 포인트 AutoCad』(2007)

3Ds Max
Instruction Guide
for Interior Designer

CONTENTS

01

CAD 도면 정리하기

1. CAD 도면 정리하기

Step1.

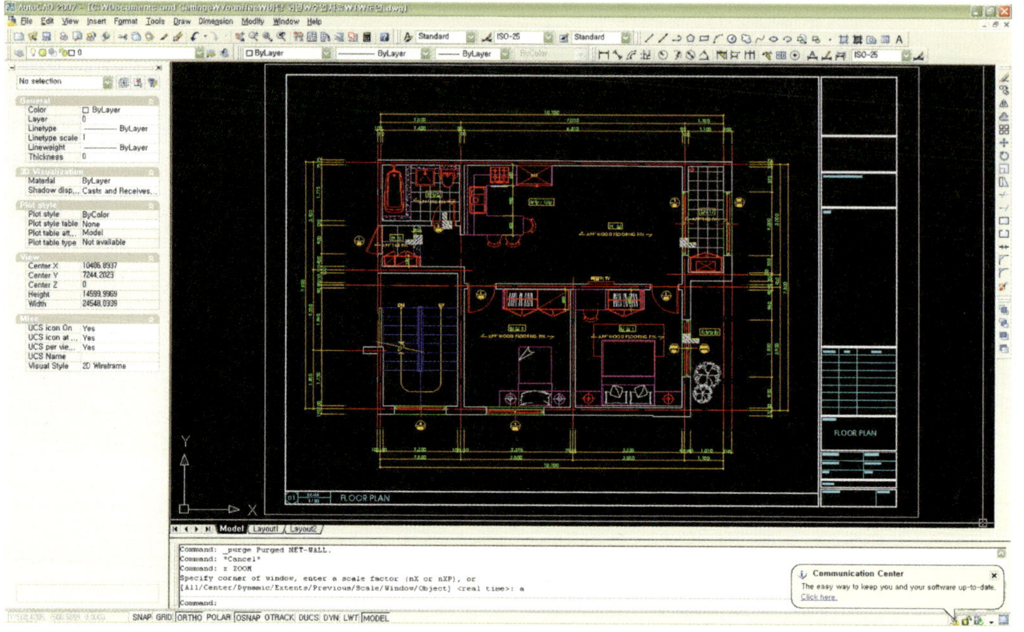

-CAD 도면의 모든 것을 3Ds MAX에서는 오브젝트로 인식하기 때문에 작업할 때 필요하지 않은 부분을 삭제하여야 한다.

여기서 삭제 및 변경해야 하는 항목은 다음과 같다.
  -해치
  -치수선
  -주석
  -문자
  -가구
  -중심선
  -도면 프레임
  -점선은 실선으로 변경

Step2.

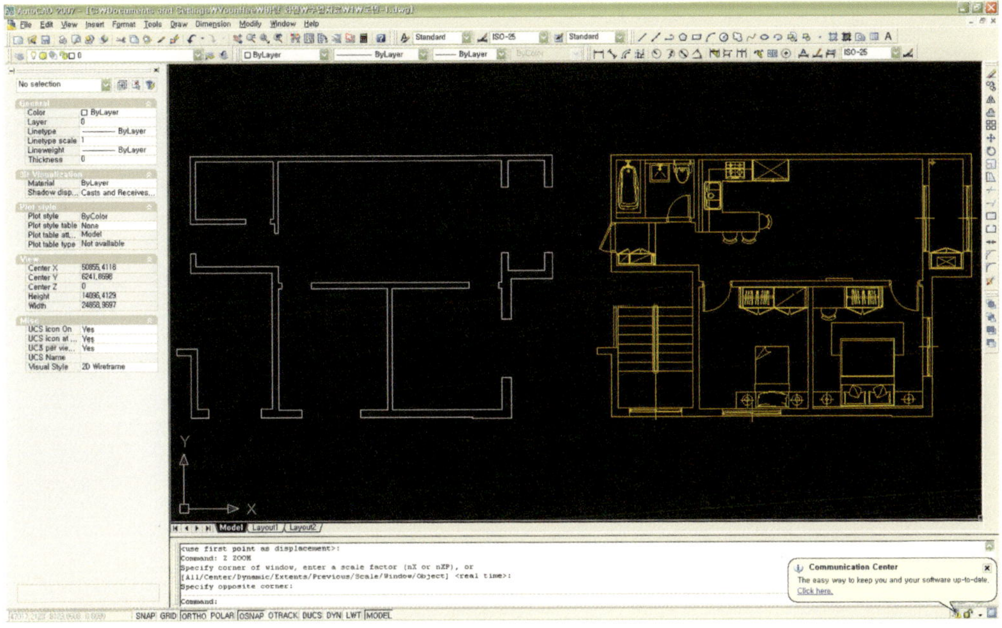

−CAD에서 레이어 'WALL'을 COPY한다.

　(벽체만 따로 분리시켜야 MAX에서 벽체를 쉽게 올릴 수 있다.)

−Block으로 되어 있는 객체들은 Explode 명령어를 사용하여 하나의 Layer로 만든다.

−각 객체의 Layer를 하나의 Layer로 통합한다.

Step3.

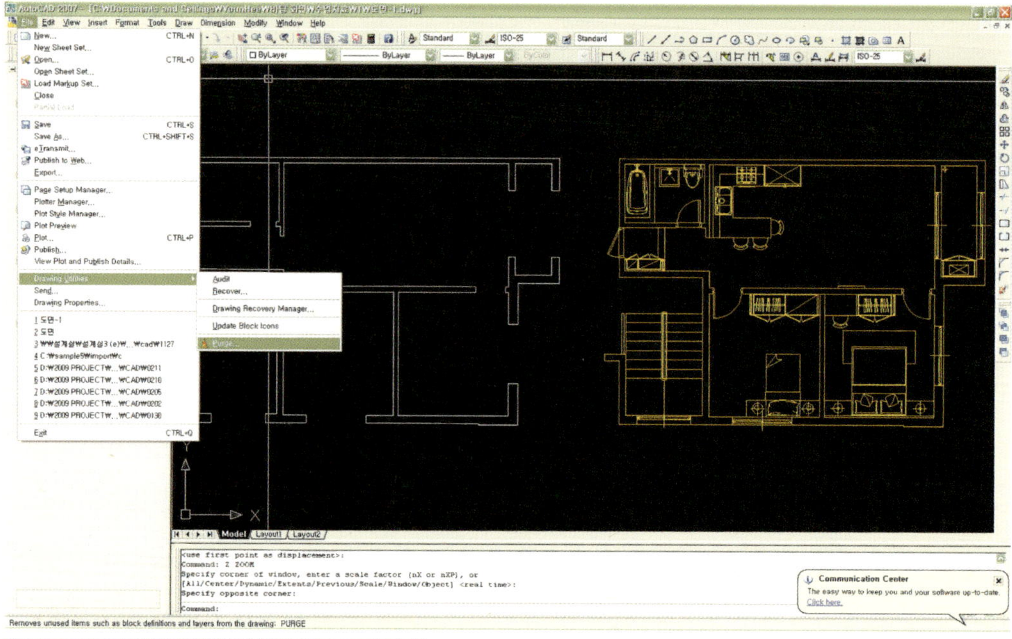

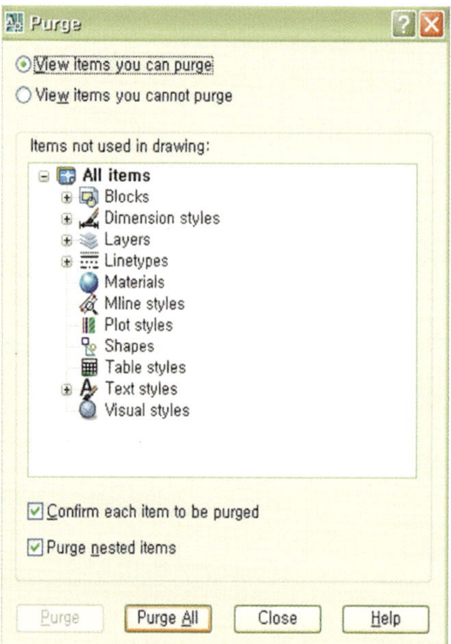

−File → Drawing Utilities → Purge
(도면의 용량을 줄여주고 불필요한 Layer를 자
동으로 삭제해 최적화시킨다)

*3Ds MAX8은 Auto Cad 2004버전 이하로
호환이 가능하기 때문에 Auto Cad 2004 이하
로 저장해야 한다. Save as에서 버전을 바꿀
수 있다.

02

3Ds Max 단위 설정하기(Unit Setup)

2. 3Ds Max 단위 설정하기(Unit Setup)

–인테리어에서는 표준단위로 'mm'를 사용하기 때문에 기본단위로 'mm'를 설정한다.

Step1.

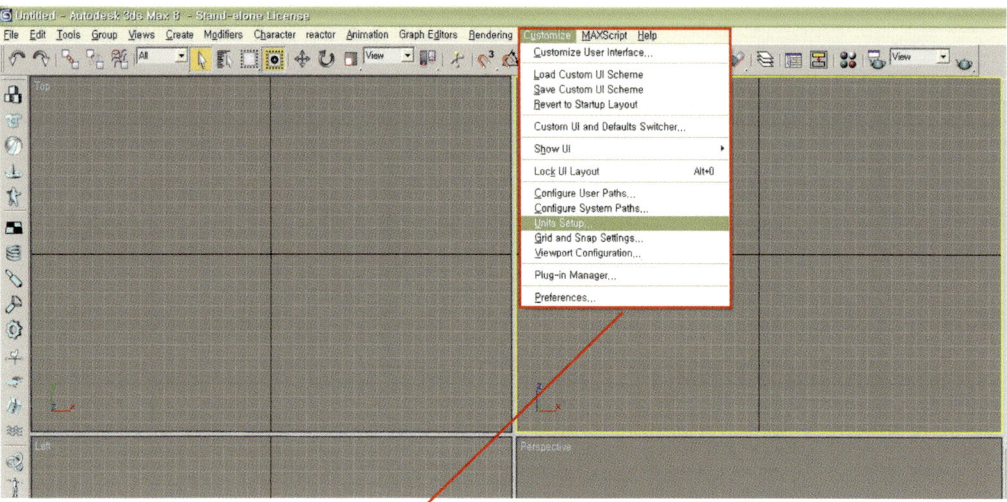

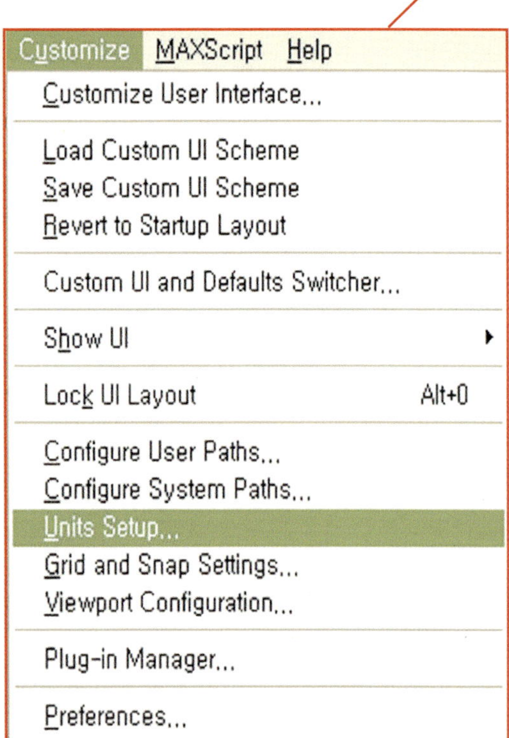

Step2.

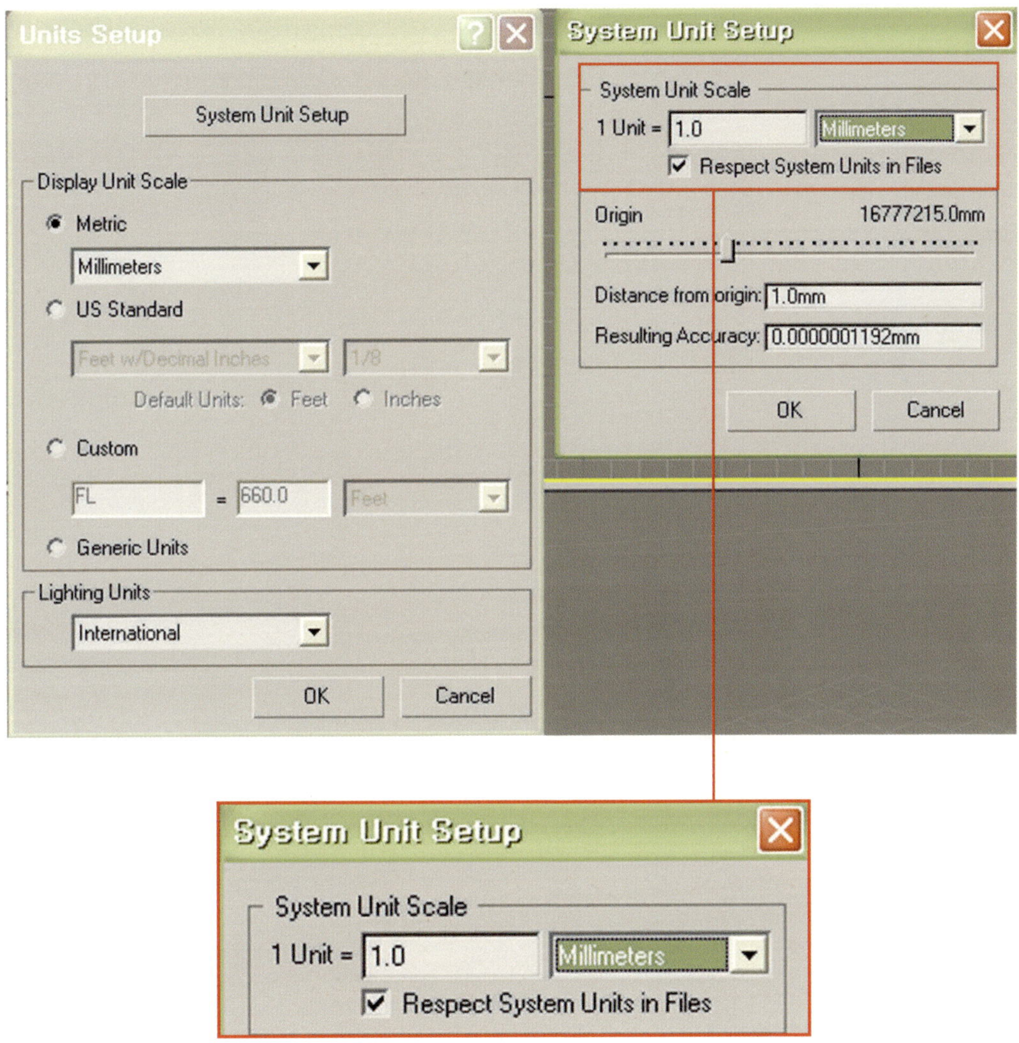

−System Unit Setup을 클릭한 후 단위설정을 Millimeters로 설정한다.

03

Modify 설정하기

3. Modify 설정

−Geometry, Shapes, Light, Camera, ETC 오브젝트를 변형하기 위한 명령어
들이 제공된다.

Step1.

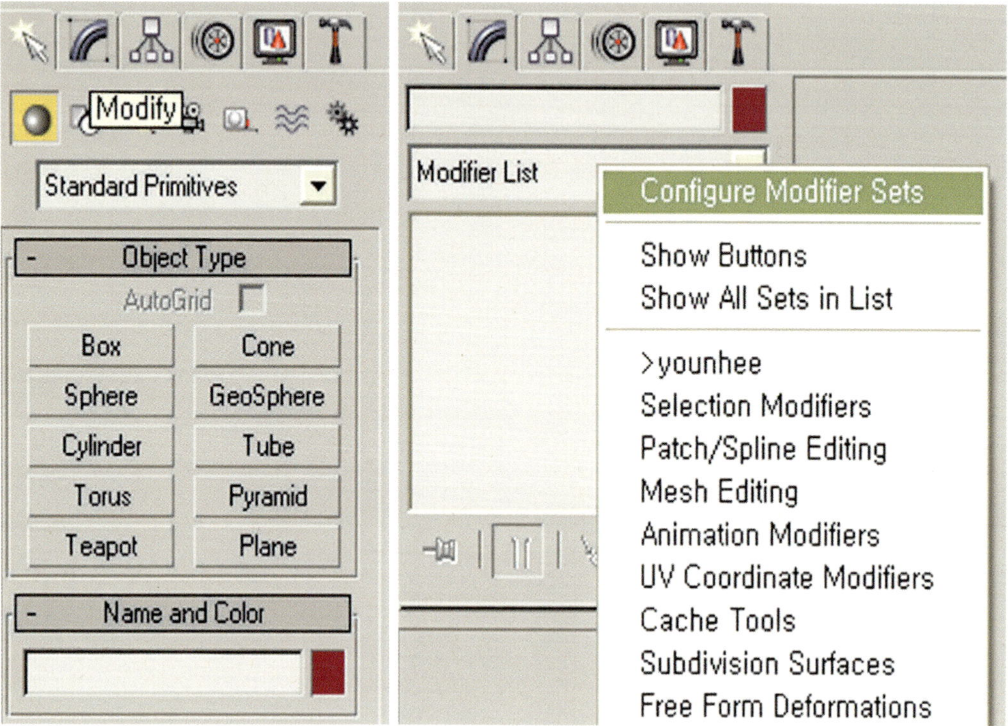

−Modify 아이콘을 클릭한 후 Modifier List 창을 마우스 오른쪽 버튼으로 클릭하고
−Configure Modifier Sets를 선택한다.

Step2.

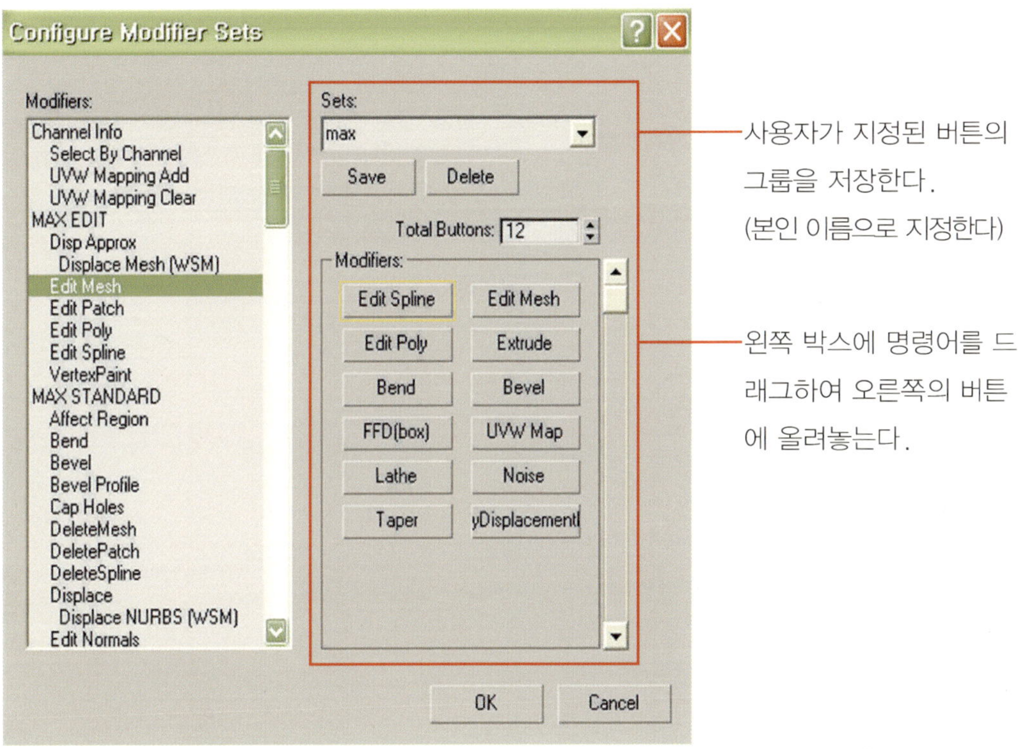

사용자가 지정된 버튼의
그룹을 저장한다.
(본인 이름으로 지정한다)

왼쪽 박스에 명령어를 드
래그하여 오른쪽의 버튼
에 올려놓는다.

Step3.

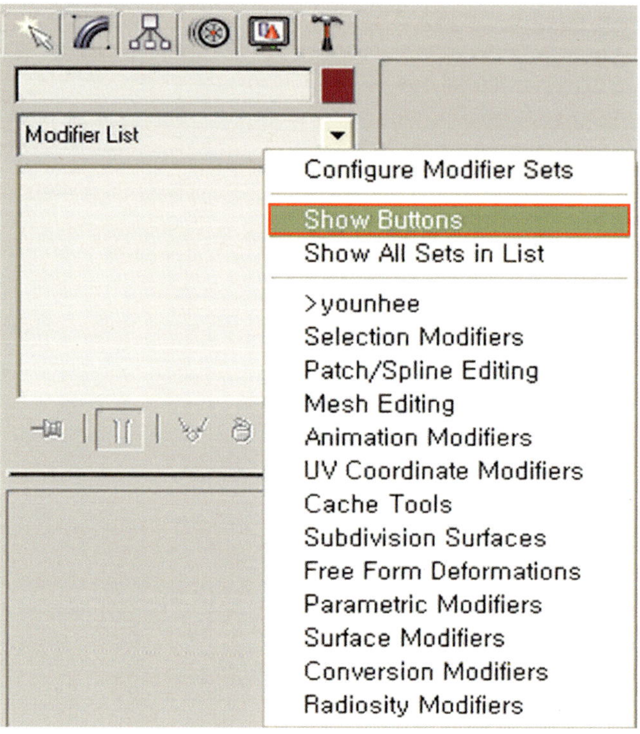

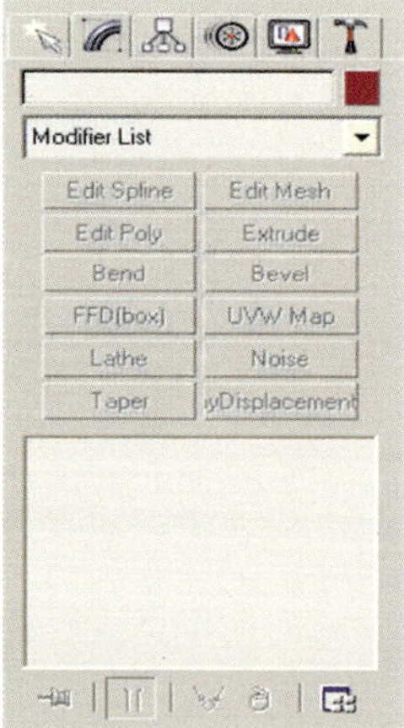

Show Buttons를 클릭하면
사용자 메뉴가 변경된다.

04

CAD 도면 가져오기(Import)

4. CAD 도면 가져오기(Import)

−모델링하기 전에 Import 메뉴를 이용하여 CAD 도면을 MAX로 불러와야 한다.
−Import 할 수 있는 파일은 DWG, DXF, AI, 3DS 등이 있다.

Step1.

File−Import

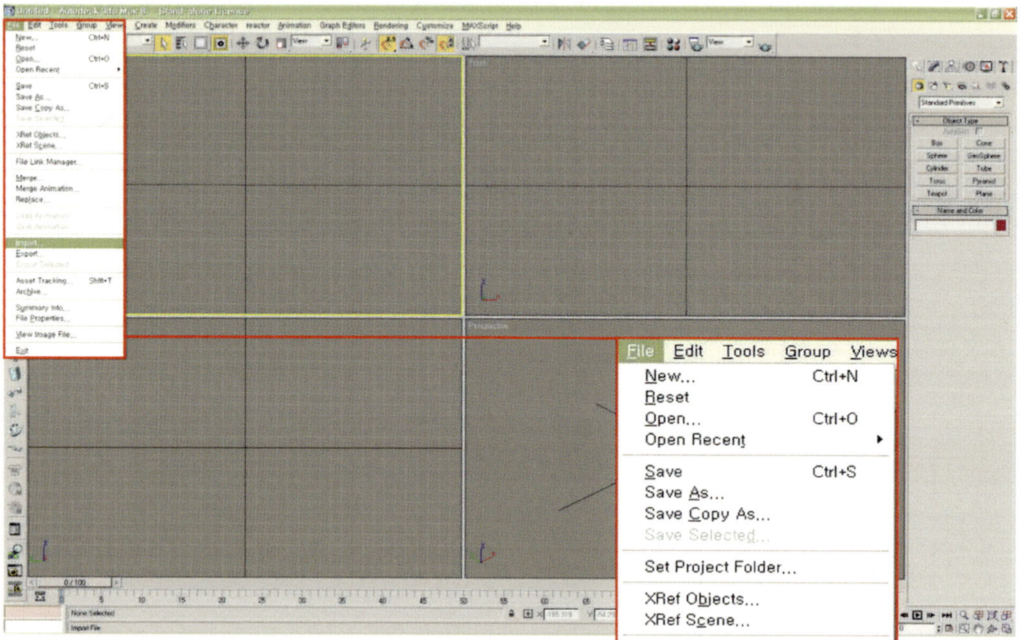

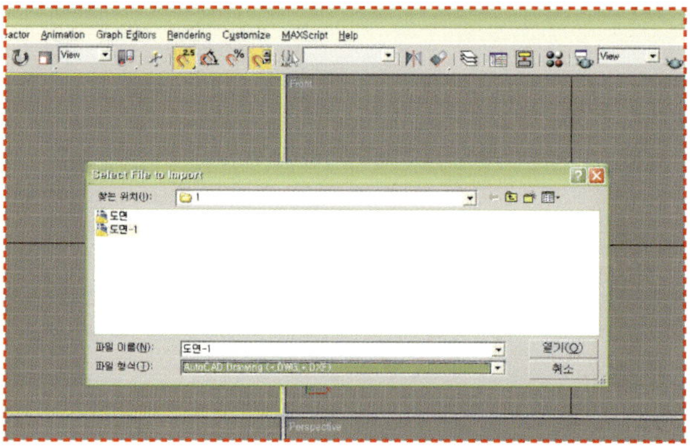

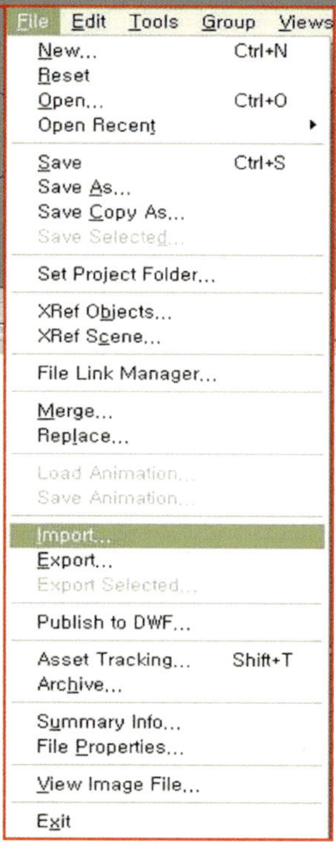

Step2.

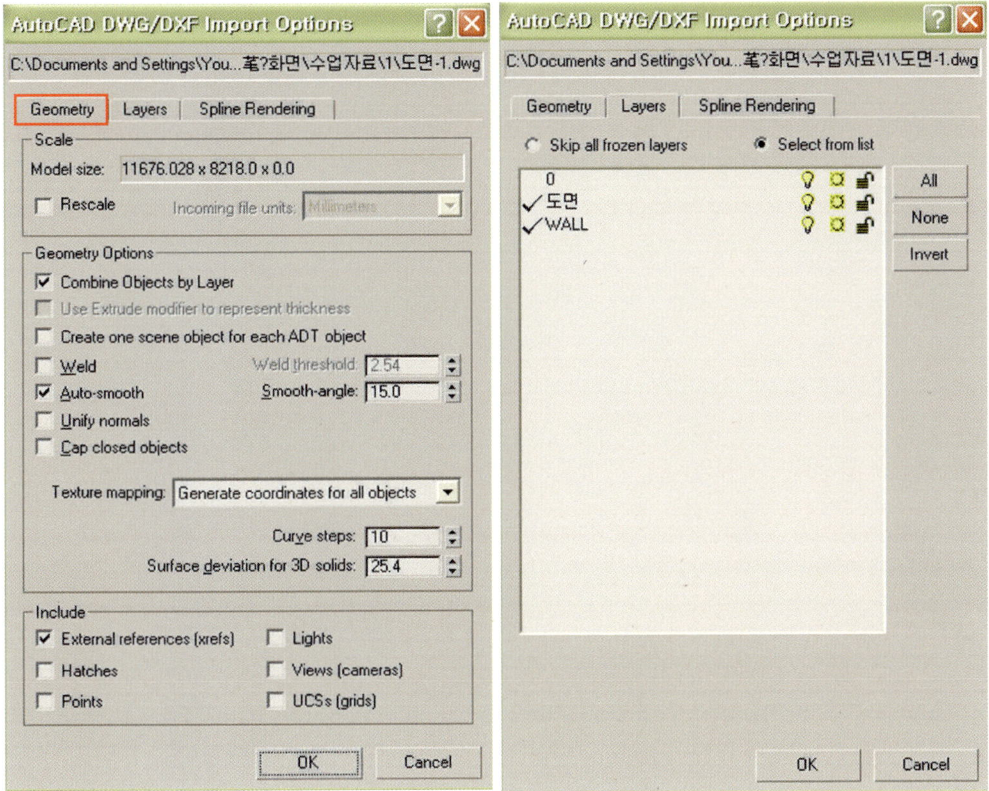

-Import 창에서 [Layers]탭을 클릭한 후 레이어 목록에서 '도면','WALL' 레이어를
선택한다.
(만약 CAD에서 여러 개의 레이어를 가져와 작업할 경우 필요한 레이어만 선택해야 데
이터 용량을 줄일 수 있으며 작업이 용이하다)

Step3.

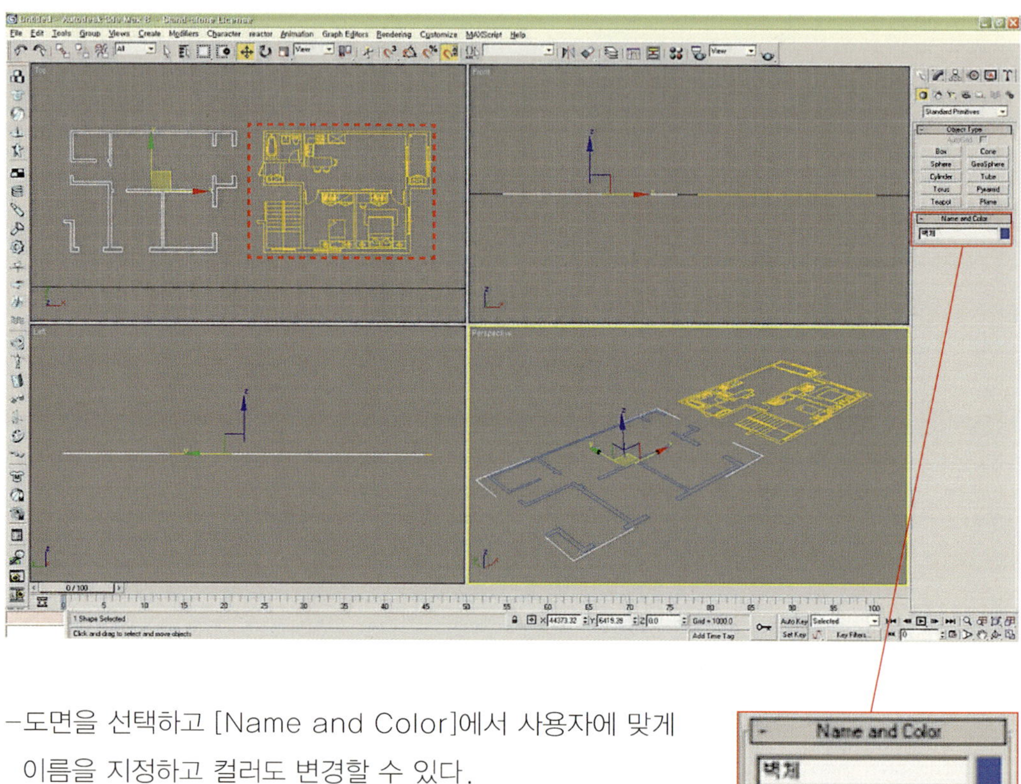

−도면을 선택하고 [Name and Color]에서 사용자에 맞게
이름을 지정하고 컬러도 변경할 수 있다.

05

불러온 CAD 도면 기본 설정하기

5. 불러온 CAD 도면의 기본 설정하기

Step1.

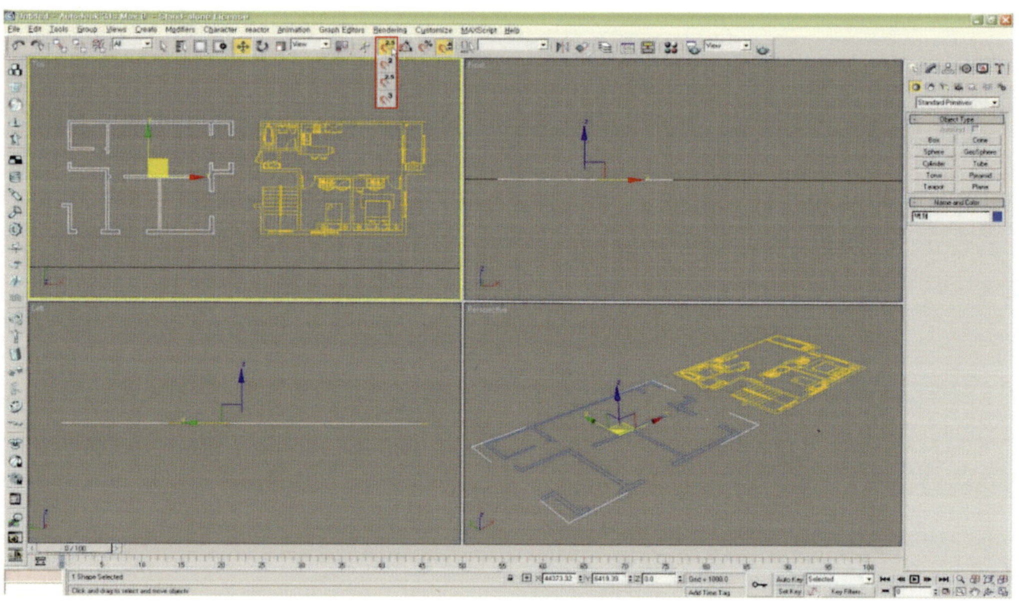

–(Snap)을 길게 누르고 2.5 Snap을 선택한 후 아이콘에서 오른쪽 버튼을 클릭한다.

–(A) (단축키 'S')

–그림과 같이 옵션을 설정한다.

A

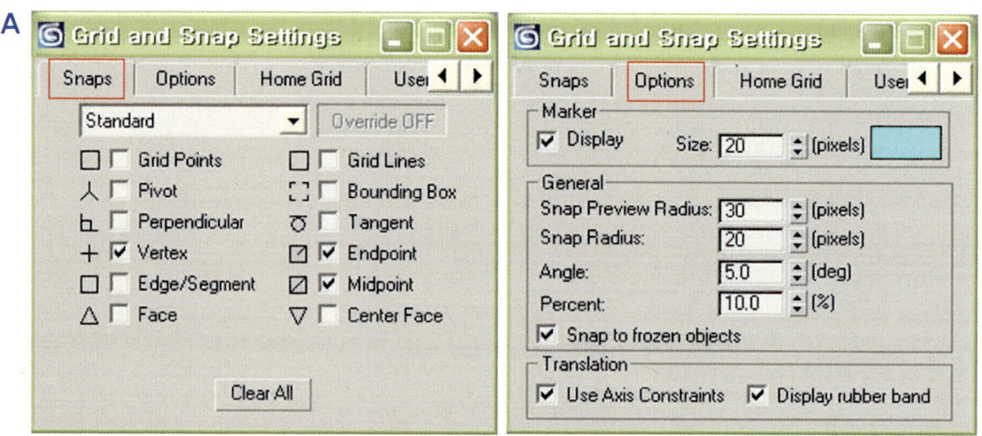

–[Top] 뷰포트에서 벽체를 선택한 후(좌표는 'Z'축으로 설정) 기준점을 클릭한 상태에
  서 드래그하여 도면과 일치되는 모서리 점으로 이동시킨다.

Step2.

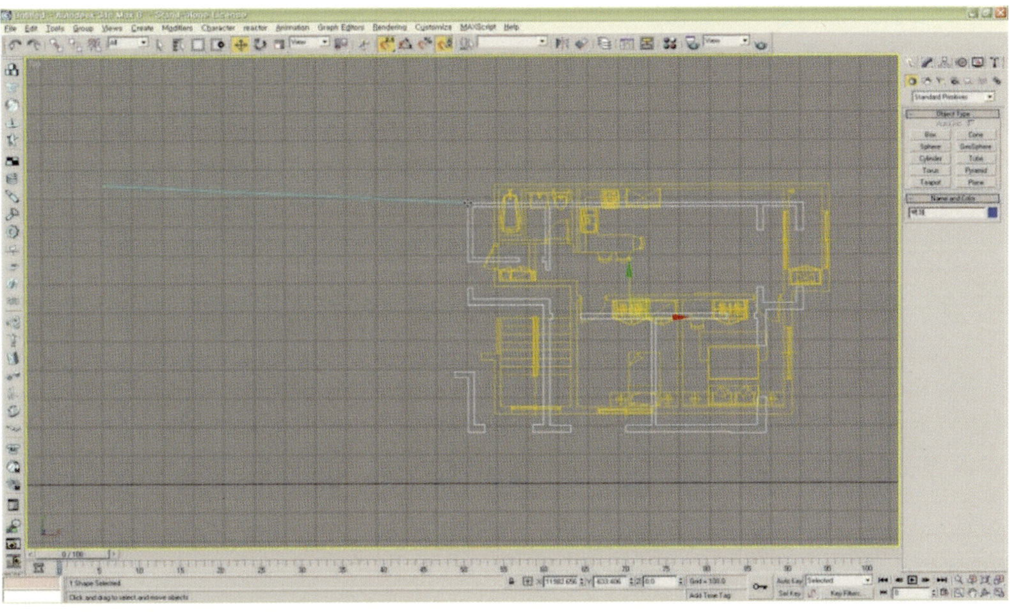

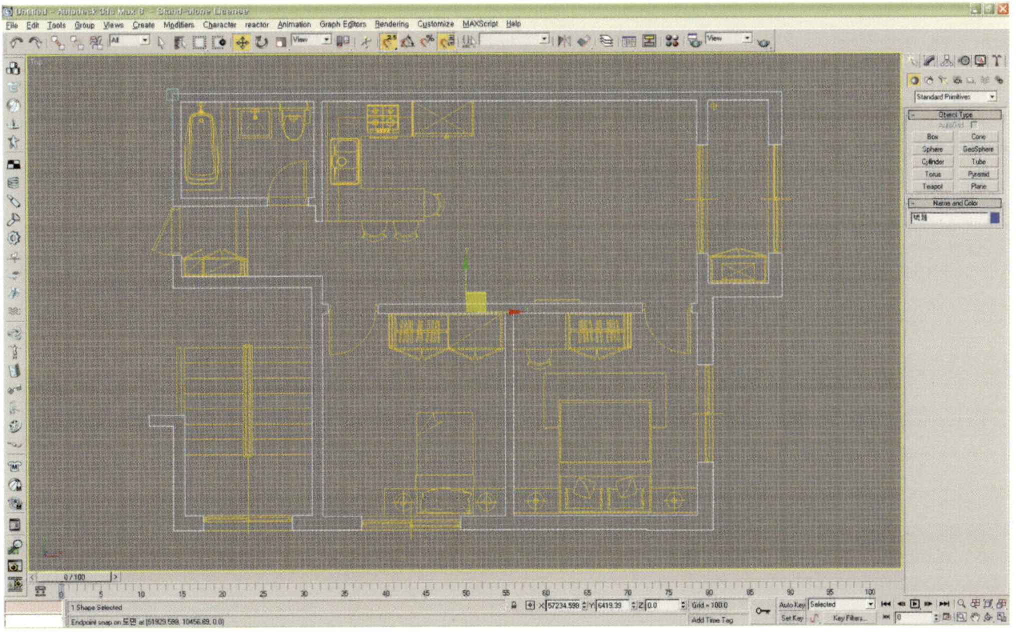

Step3.

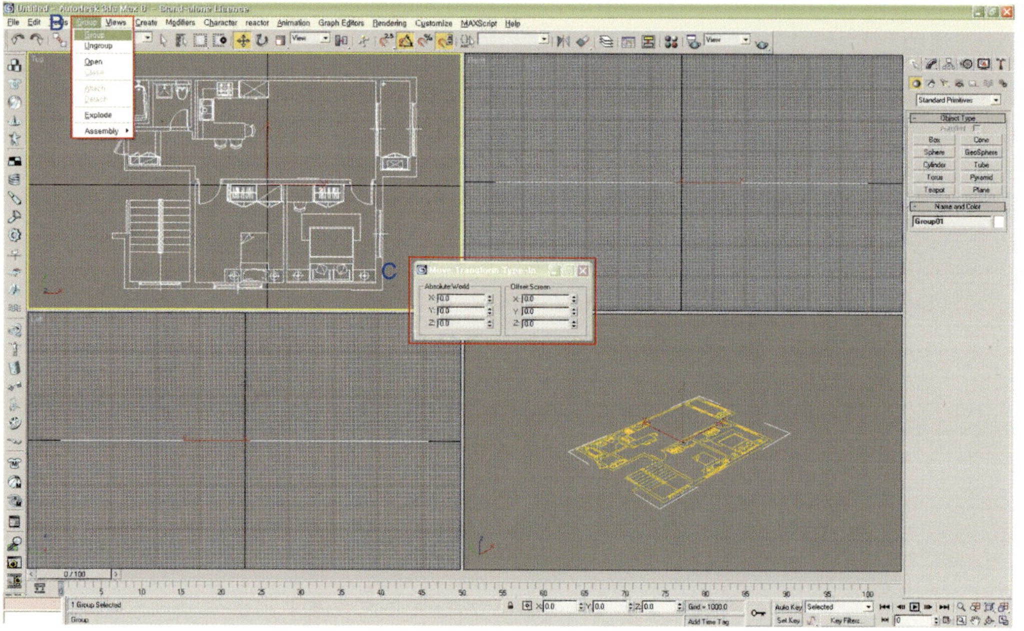

-B 두 레이어를 선택 후 Group시킨다.

  C✚(Select and Move) 아이콘에서 마우스 오른쪽 버튼을 클릭하면 'X, Y, Z' 항목
  에 각각 '0'을 입력하면 도면은 중앙으로 옮겨진다(하단 메뉴 바에서도 수정할 수 있다).

-옮긴 후 키보드 'Z'를 누르면 ('ZOOM EXTENTS ALL'의 단축키) 뷰포트에 꽉 차게
  보인다.

-두 레이어를 다시 Ungroup을 한다.

06

벽체 올리기

6. 벽체 올리기

Step1.

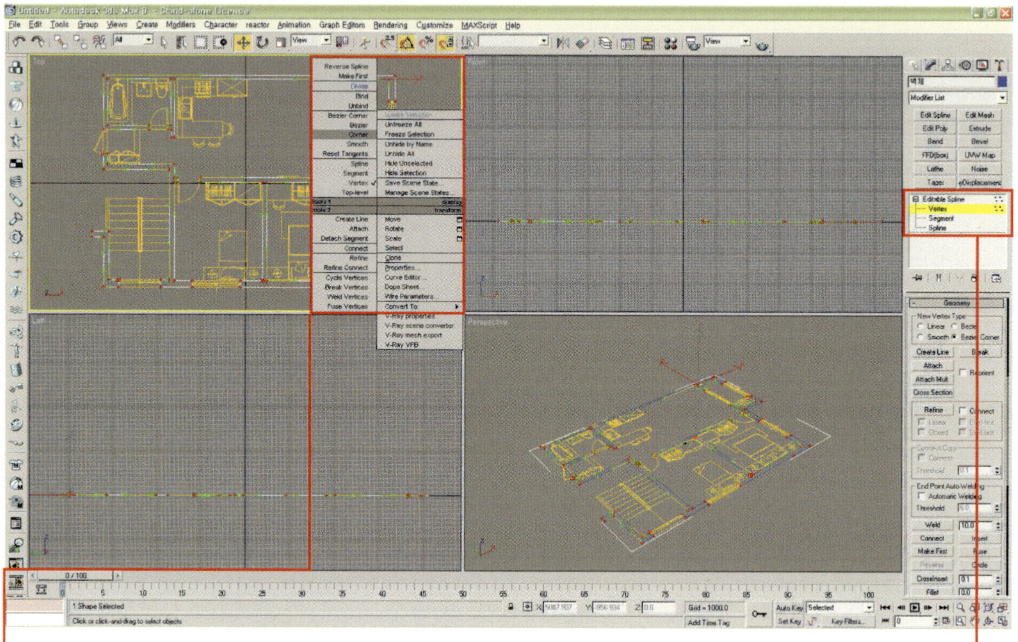

–벽체를 선택해서 [Modify]→[Edit Spline]의 하위 영역 [Vertex]를 선택하
고 [Top] 뷰포트에서 'Ctrl +A'(모든 객체를 선택) → 오른쪽 마우스 클릭 →
'Corner' 선택

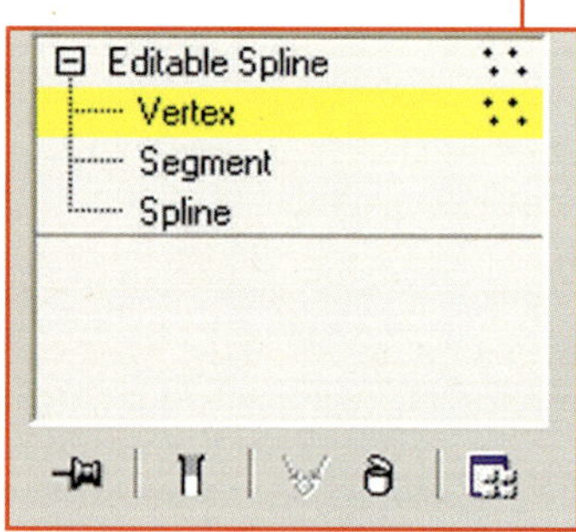

Step2.

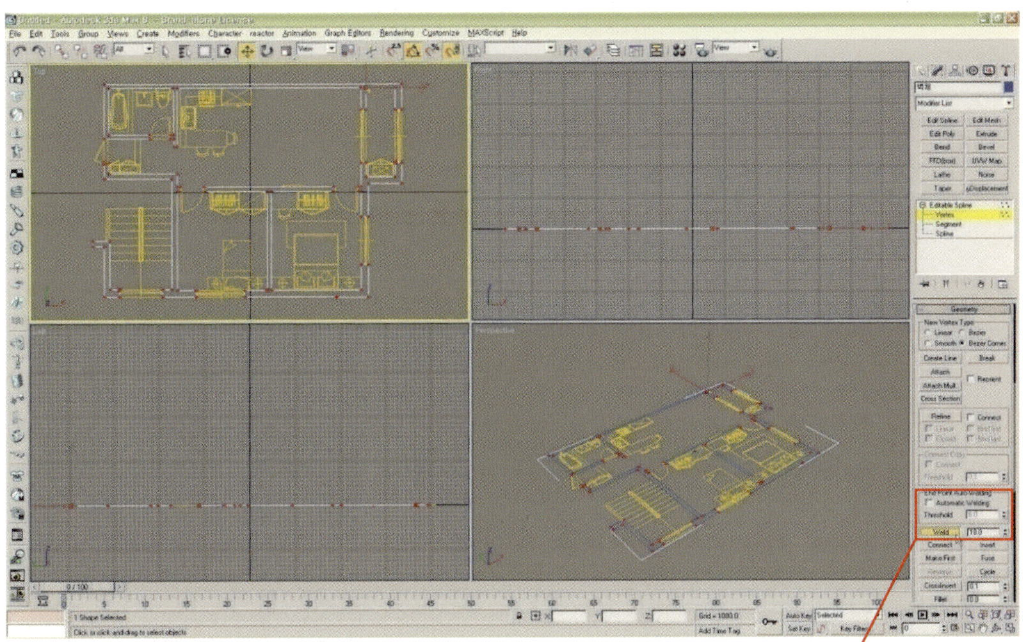

-모든 [Vertex]를 선택한 상태에서 [Weld]에 치수 값을 '10'으로
 입력하고 [Weld]를 클릭한다.

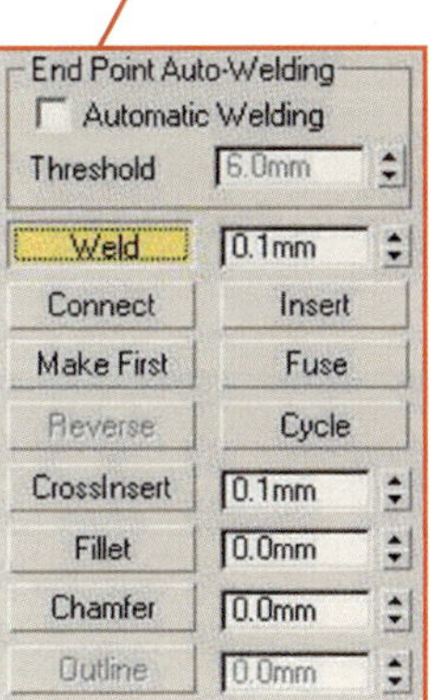

Step3.

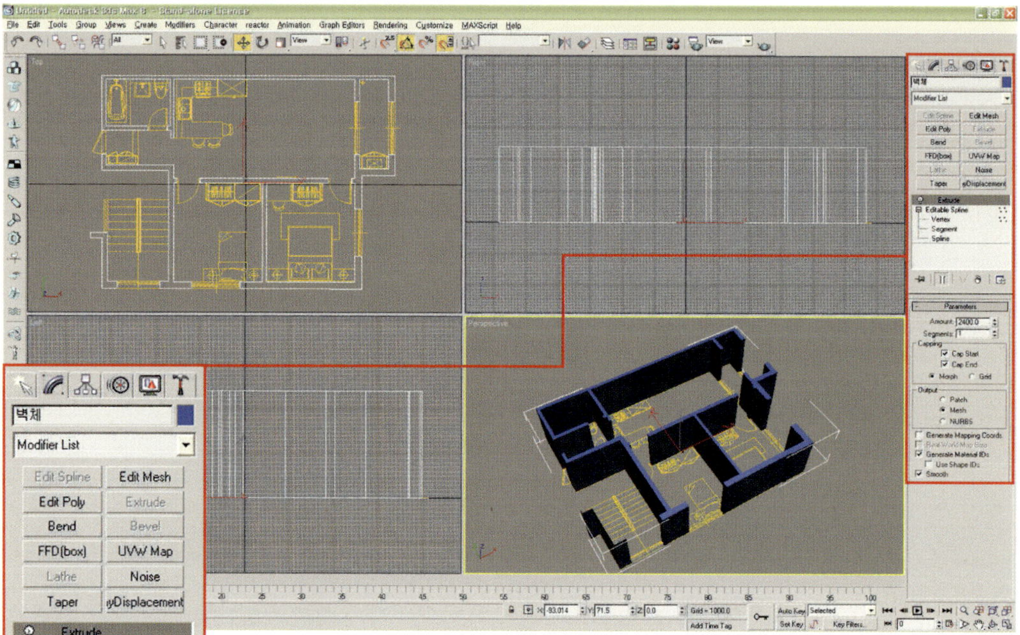

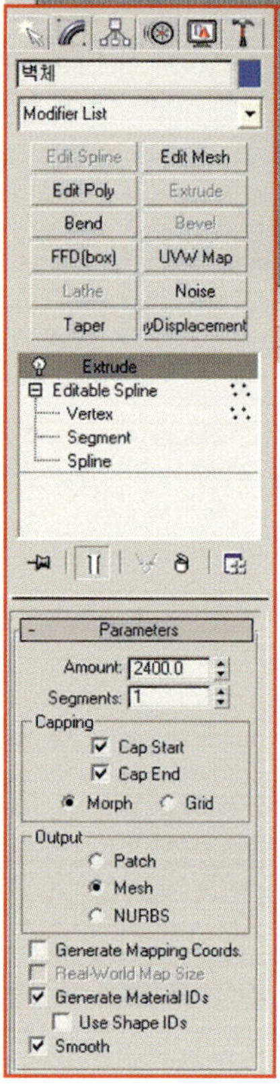

—[Modify] → [Extrude] 를 적용시킨 후 [Parameters] 옵션에서
'Amount' 값을 '2,400'으로 입력한다.

Step4.

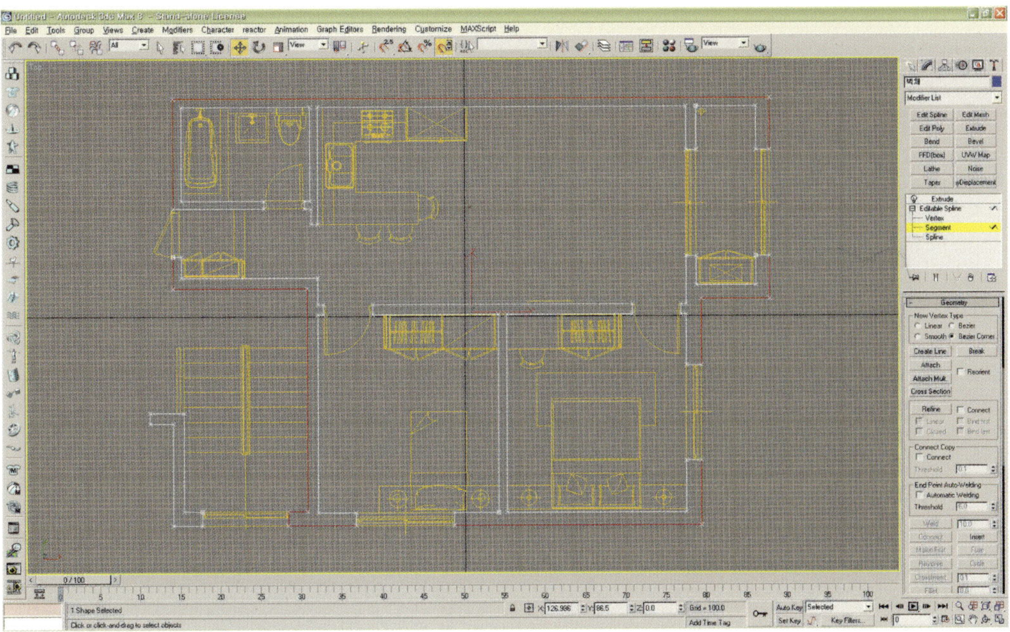

−다시 [Edit Spline] 으로 돌아간 다음 하위영역인 [Segment] 영역에서 바깥쪽 선들
을 선택한다.

* 'Alt + W'(Maximize Viewport Toggle) 선택한 뷰포트를 전체 화면으로 확대한다.

Step5.

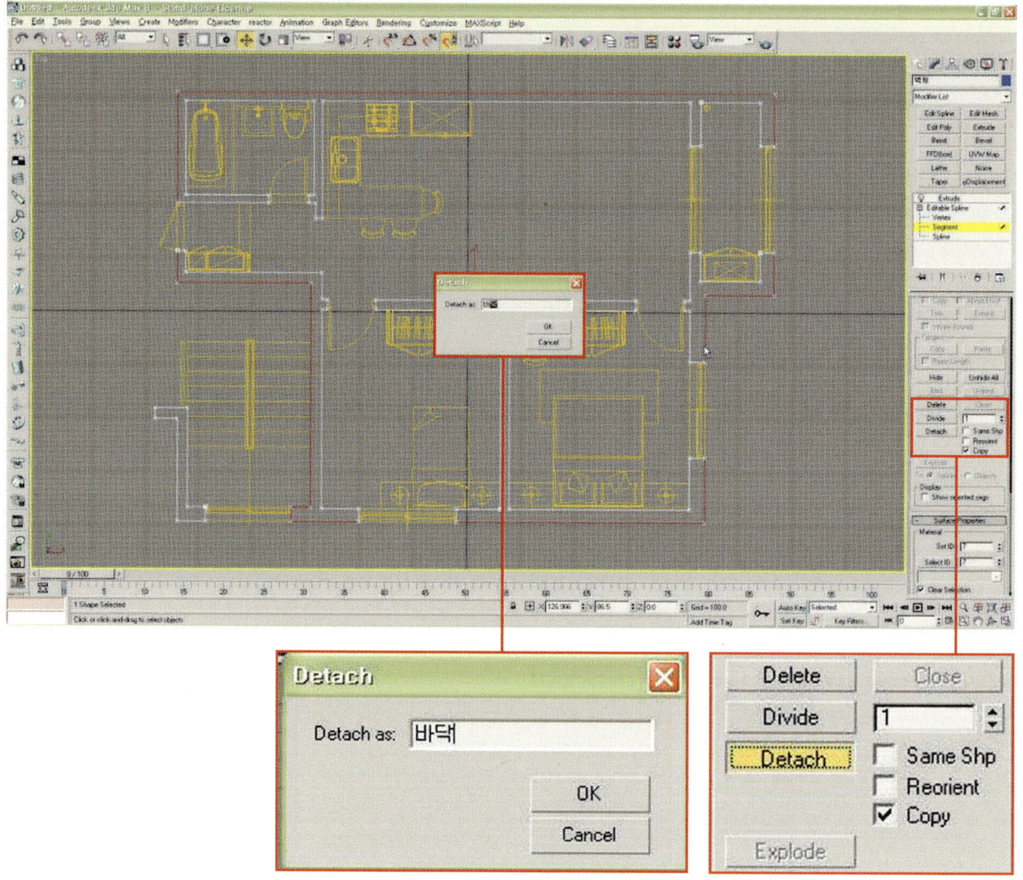

−[Segment] 영역에서 [Detach] 명령어 부분의 'Copy'를 체크한 후 [Detach]를 클릭
 하여 대화상자에 '바닥'이라고 입력한 후 [OK] 버튼을 클릭한다.

Step6.

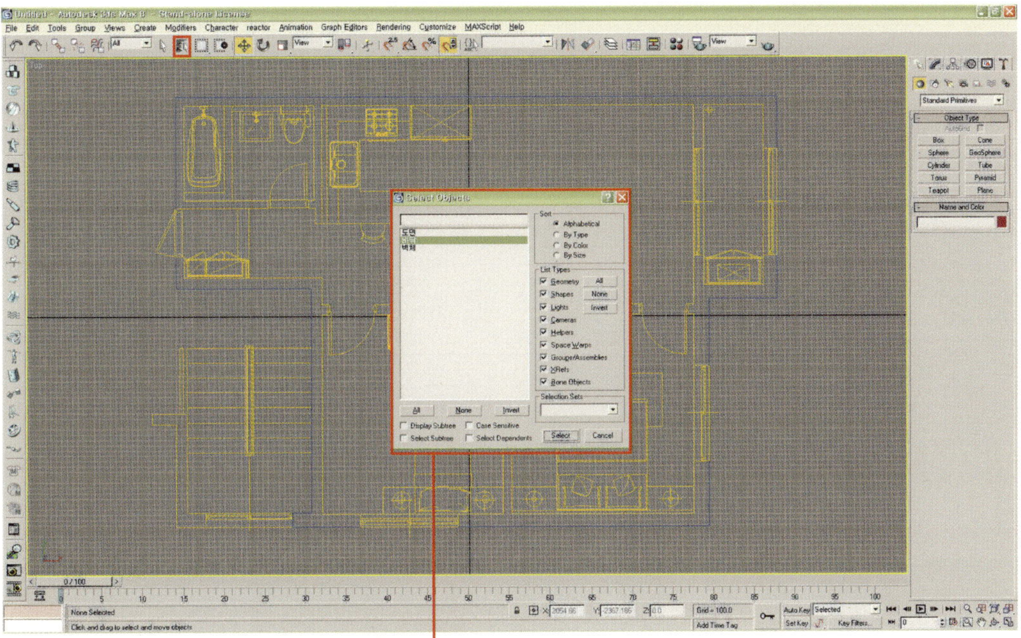

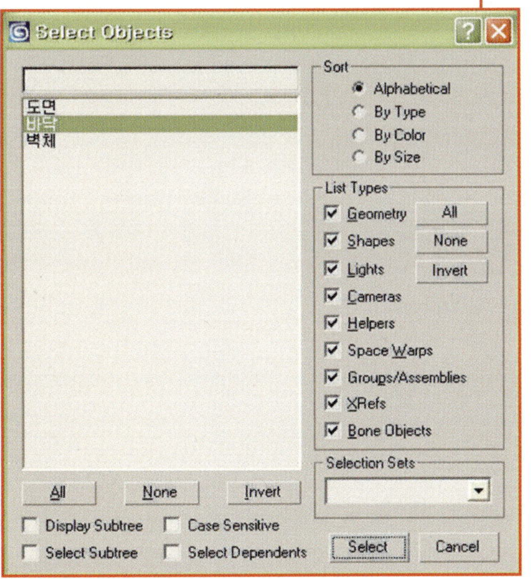

– (Select by Name) 아이콘을 클릭한
후 대화상자가 나타나면 '바닥'을 선택하고
[Select] 버튼을 클릭한다.
– [Name and Color] 에서 알아보기 쉽게 색
상을 변경한다.

07

바닥, 천장 만들기

7. 바닥, 천장 만들기

Step1.

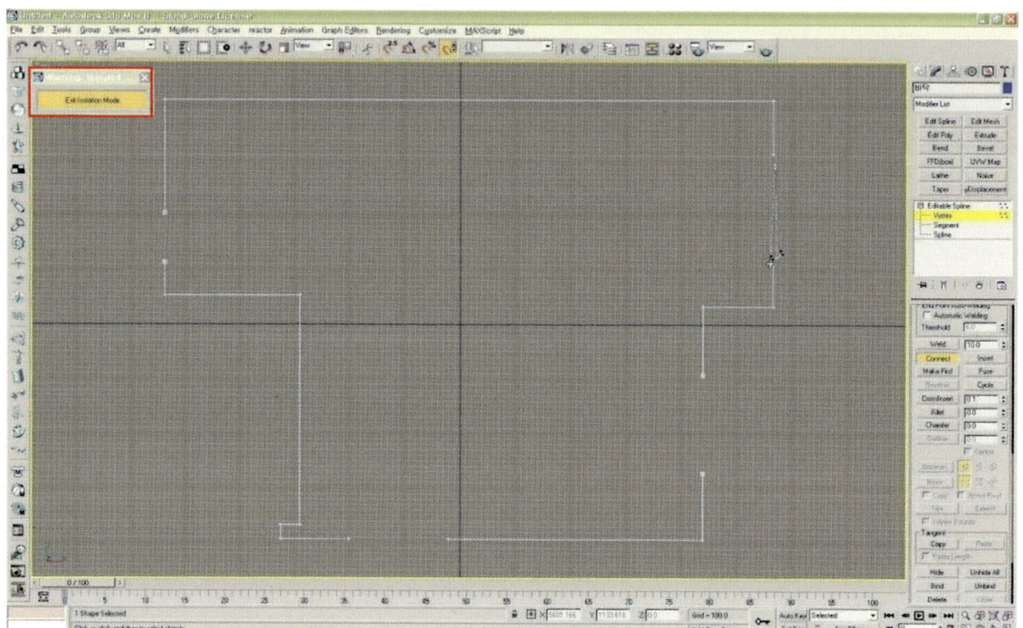

−바닥 라인을 선택한 후 [Modify] → [Edit Spline]의 하위 영역인 [Vertex] 영역에
 서 열려 있는 선들을 [Connect] 명령어를 이용하여 연결한다.

* 'Alt + Q'(Isolate Selection) 선택한 오브젝트만 뷰포트에 보이게 한다.
 대화 창에 'X'표시를 클릭하면 모든 객체가 보인다.

Step2.

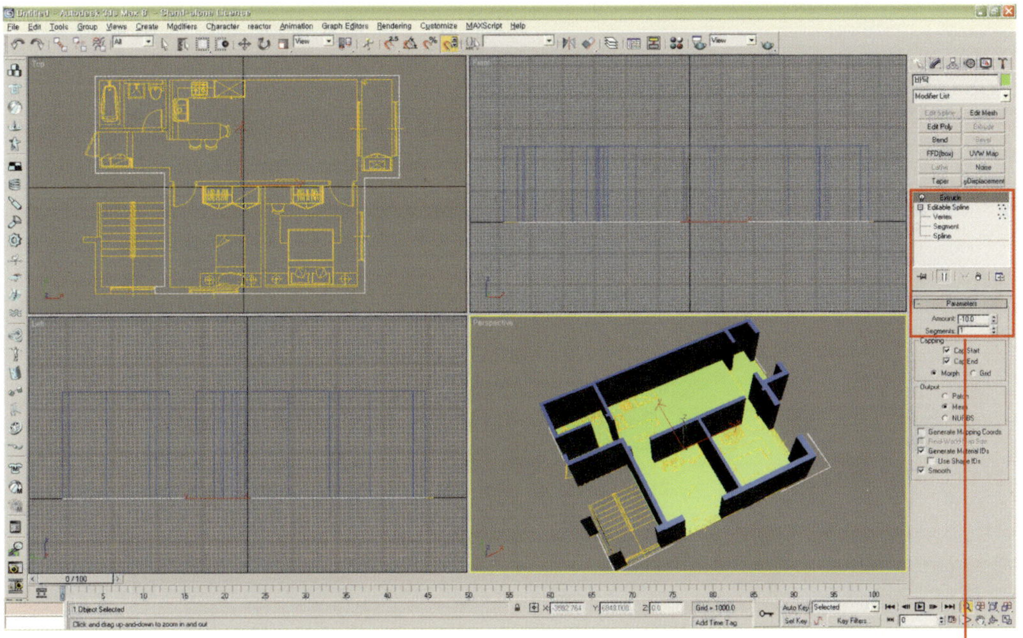

* [Modify] → [Extrude] 를 적용시킨 후
   [Parameters] 옵션에서 'Amount' 값을
   '–10'으로 입력한다.

Step3.

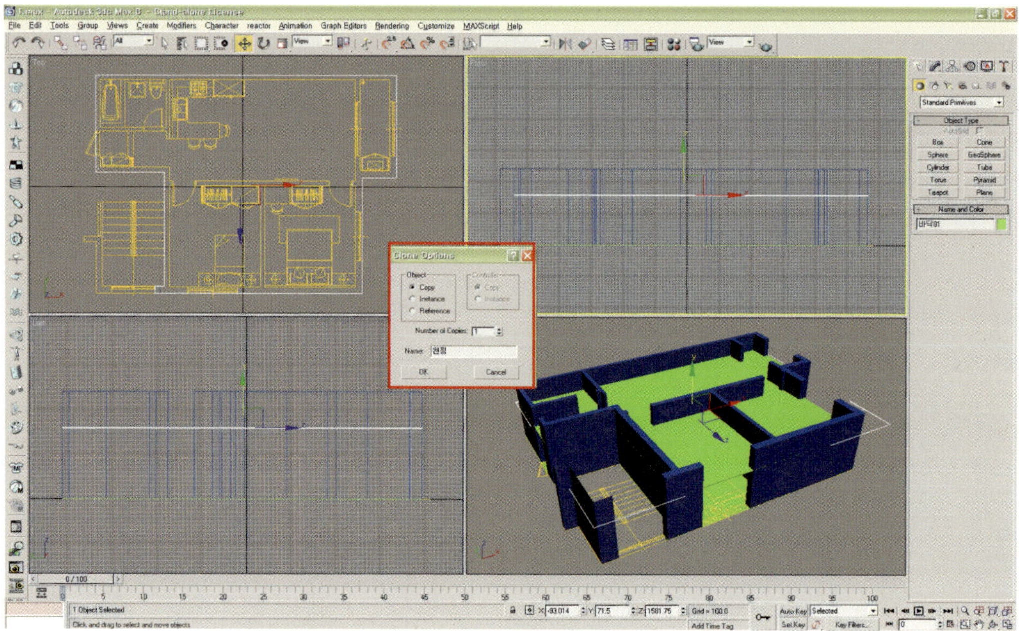

–바닥 오브젝트를 선택한 후 **Shift를 누른 상태에서** (Select and Move) 아이콘을
이용하여 [Front] 뷰포트에서 Y축으로 드래그한다.
–대화상자가 나타나면 'Name'에 '천장'이라고 입력한 후 OK를 클릭한다.
–'Name and Color'에서 알아보기 쉽게 색상을 변경한다.

Step4.

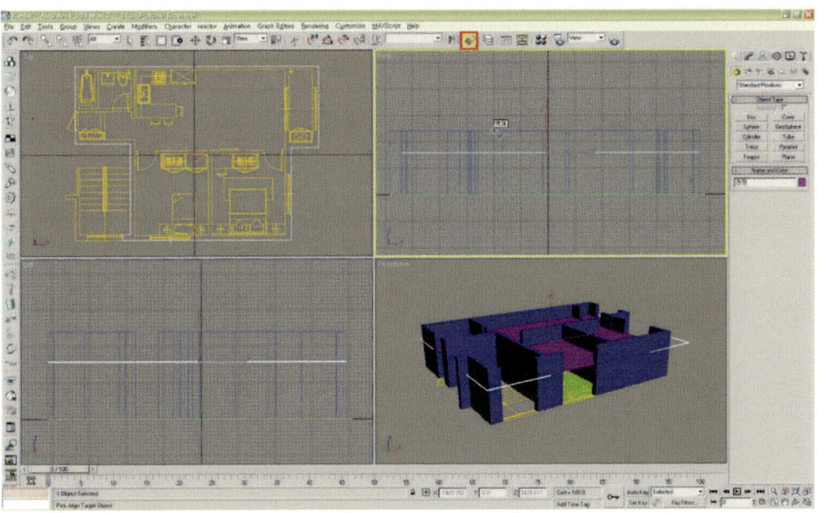

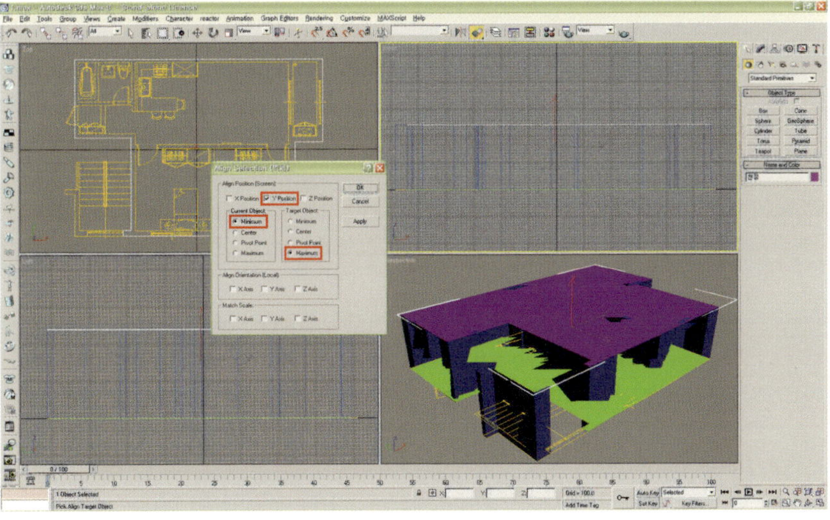

－천장 오브젝트를 선택한 후 (Align) 아이콘을 클릭한 다음 [Front] 뷰포트에서 기준이 되는 벽체를 클릭하여 선택하면 대화상자가 나타난다. ‘Align Position’에서 ‘Y Position’을, ‘Current Object’에서 ‘Minimum’, ‘Target Object’에서 ‘Maximum’을 체크한 후 OK를 클릭한다.

08

Camera 설치하기

8. Camera 설치하기

−카메라의 설치 방향과 높이에 따라 랜더링 결과물의 방향과 시점이 결정된다.

Step1.

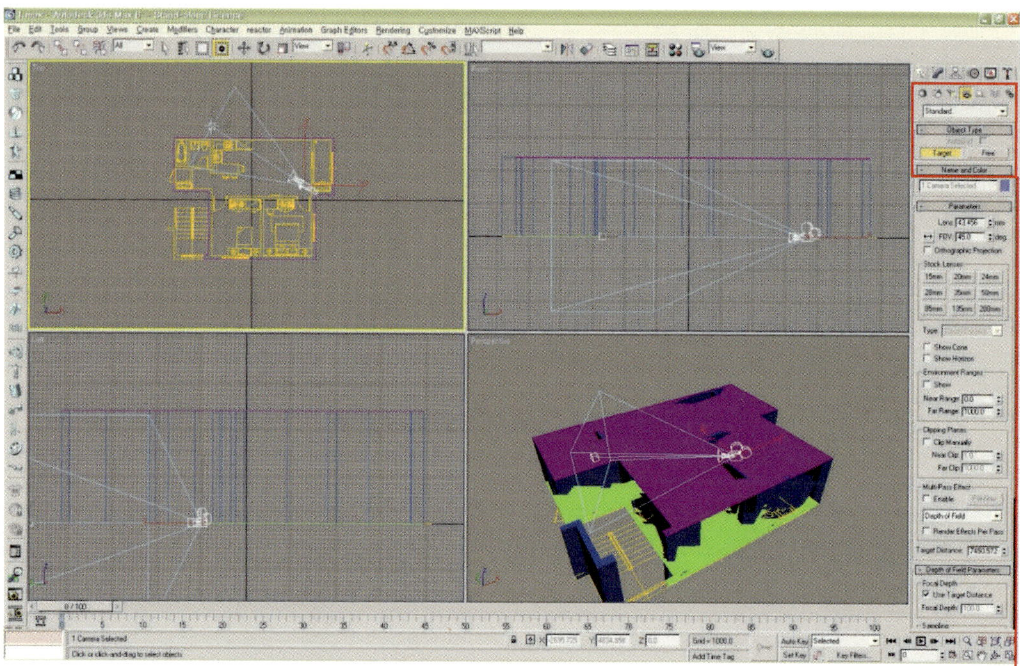

−[Top] 뷰포트를 클릭한 후 [Create]→[Camera]→
　[Standard]→ [Object Type]의 롤 아웃에서 [Target]
　를 클릭한다.

−카메라 설치 지점에 마우스를 클릭한 상태에서 그림과 같
　이 드래그한 후 마우스 버튼에서 손을 뗀다. (ESC 클릭!)

Step2.

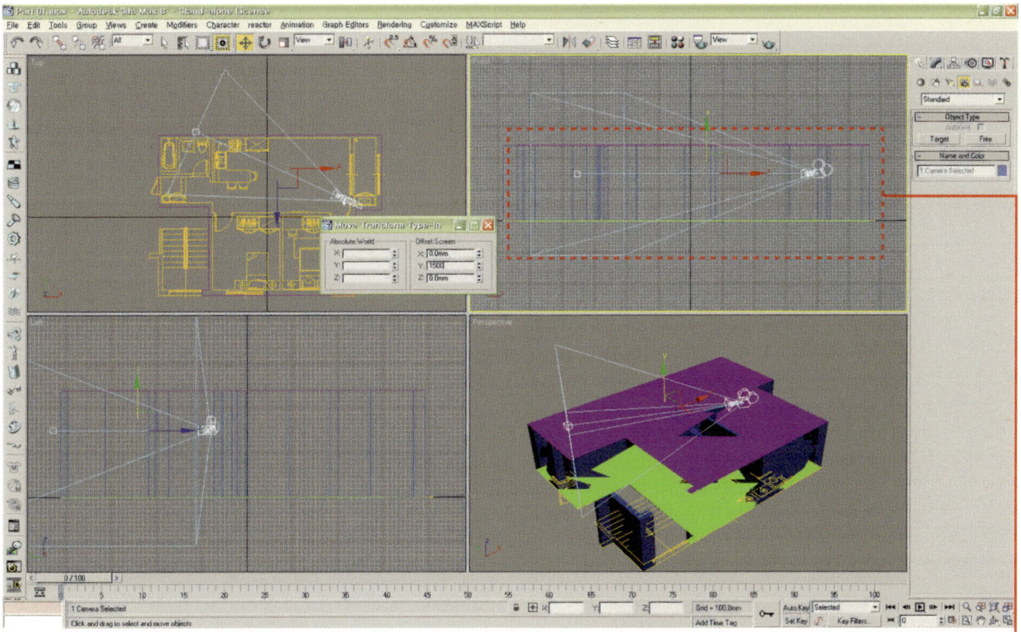

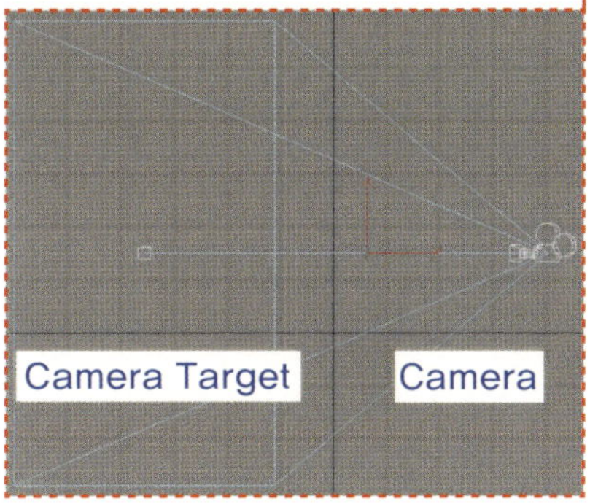

-카메라를 이동하기 위해서 [Front] 뷰포트로 전환한 뒤 'Camera01' 'Camera01
Target'을 동시에 선택한 다음 ✛(Select and Move) 아이콘에 오른쪽 마우스를 클
릭하면 대화상자가 나타난다. 'Offset-Screen'에서 'Y'축으로 '1,500'을 입력한 후
'Enter'를 누른다.

Step3.

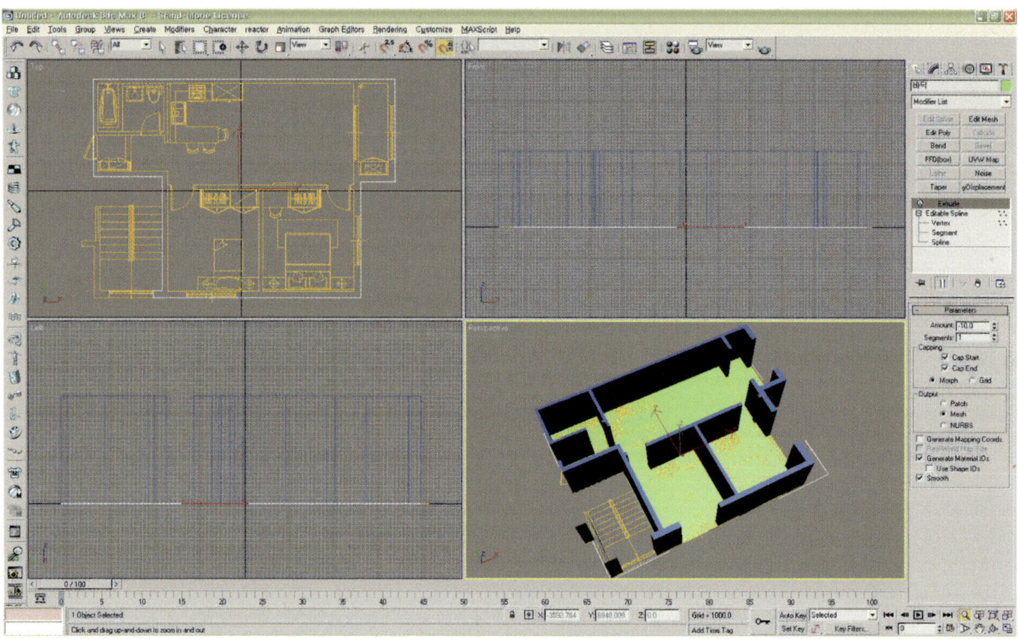

–[Perspective] 뷰포트를 'C'를 누르면 'Camera' 뷰포트로 전환
 된다. Modify 패널을 클릭하고 [Parameter] 롤 아웃의 'FOV'
 항목을 '80'으로 수정한다. 시야 각이 넓어진 것을 확인할 수 있다.

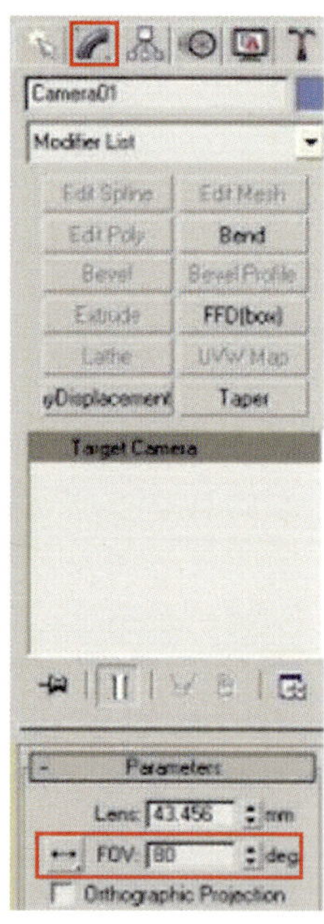

Step4.

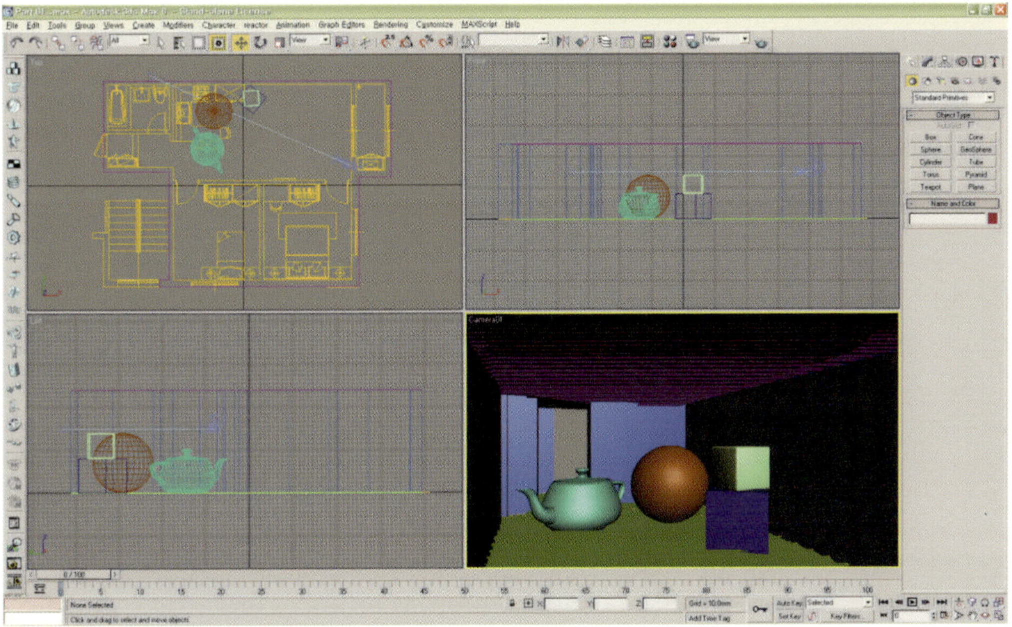

-Create 패널의 Geometry → Standard Primitives or Extended Primitive의
기본 도형으로 내부에 채워 넣는다.
(Teapot: R-650, Sphere: R-700, Box: 800*800*800, Chamfer Box:
600*600*600, R-50)

09

재질 입히기1

9. 재질 입히기1
–인테리어에 맞는 재질을 적용하고 UVW MAP을 이용하여 정확한 크기로 편집한다.

Step1.

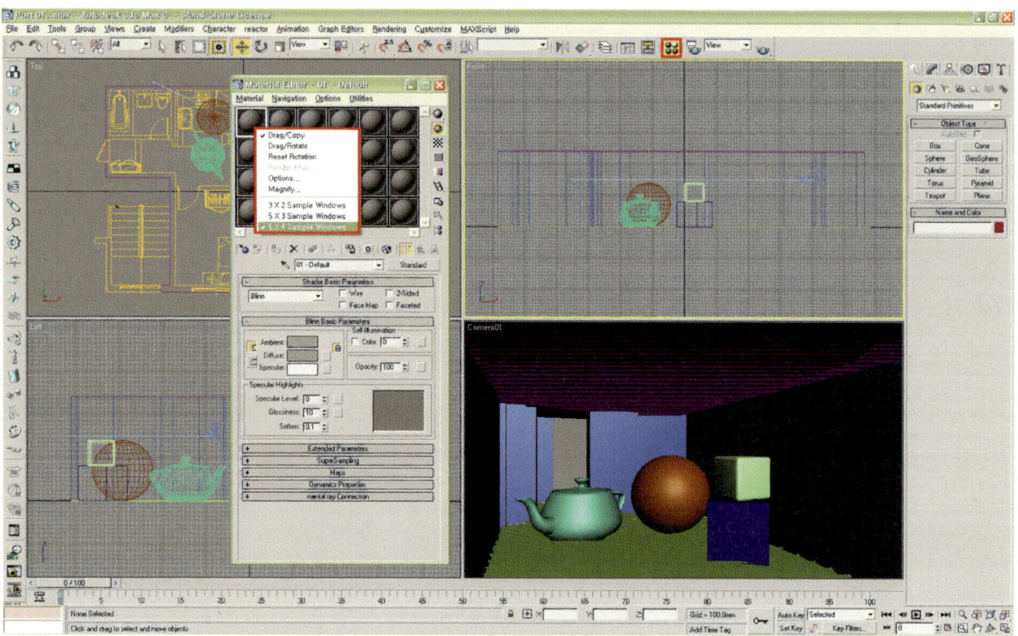

–[Material Editor] 아이콘을 클릭(단축키 'M')하면 대화상자가 나타난다.
  샘플 슬롯에 마우스 오른쪽 버튼을 클릭해서 '6*4 Sample Windows'를 선택하면
  샘플 슬롯이 늘어나는 것을 확인할 수 있다.

Step2.

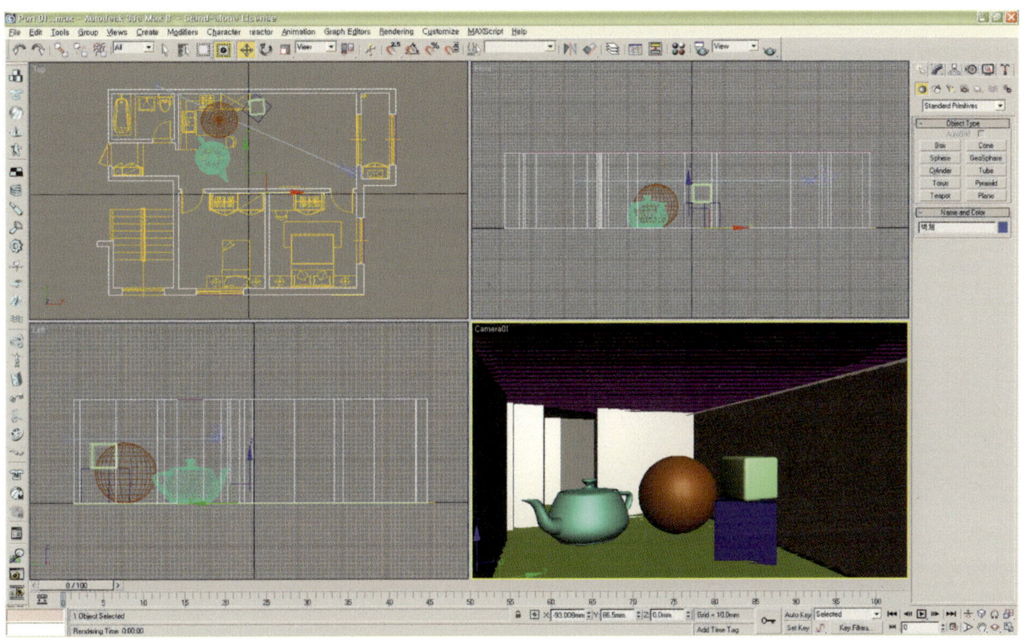

–오브젝트 창에서 벽체를 선택한 후 재질 창에서 새로운 슬롯을 선택하여 A 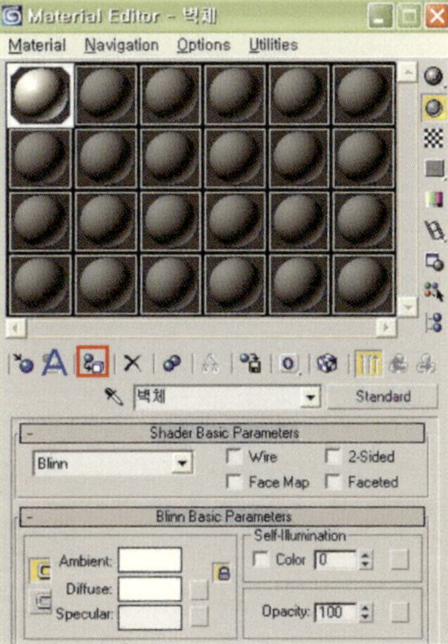(Assign
Material to Selection) 아이콘을 클릭한다.

Step3.

—새로운 슬롯에 천장 오브젝트의 재질을 적용한다. 벽체 재질과 동일하되 B 'Color'는
  '20'으로 적용한다. (기본 인테리어 도장 마감)

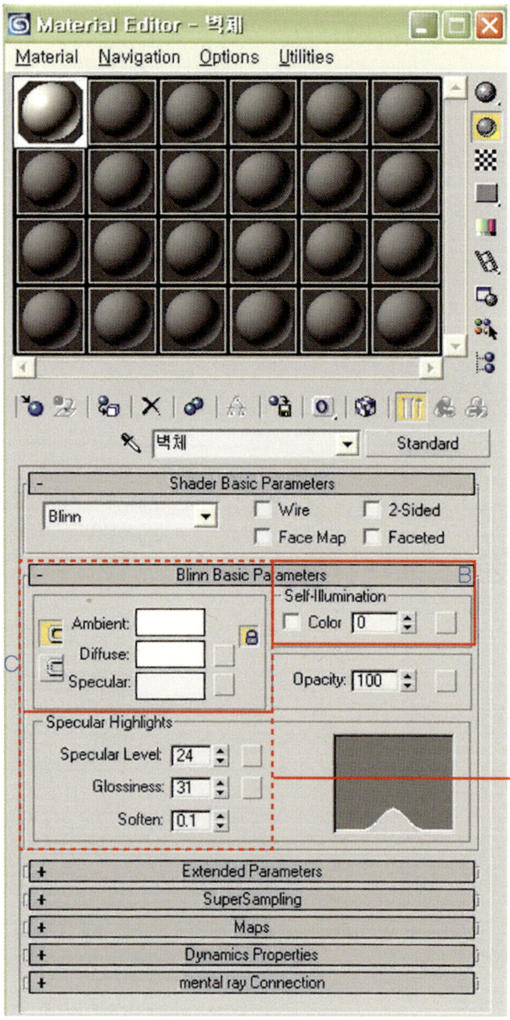

—'Diffuse Color'의 컬러 사각형을 클릭
 하면 'Color Selector' 대화상자가 나타
 난다. R: 255, G: 249 B: 235로 변
 경한다.

—C 'Specular Highlight'는 그림과 같이
 입력한다.

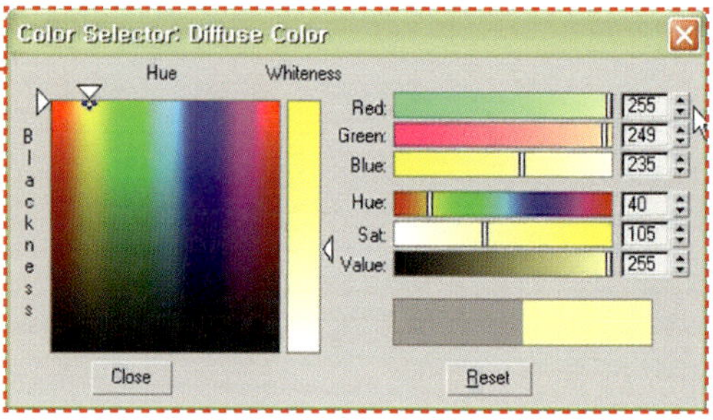

Step4.

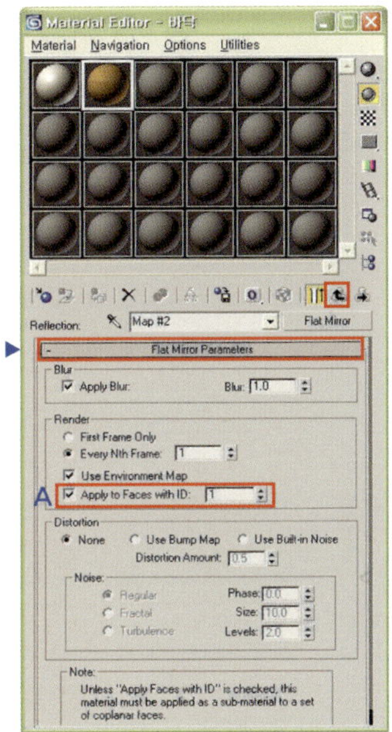

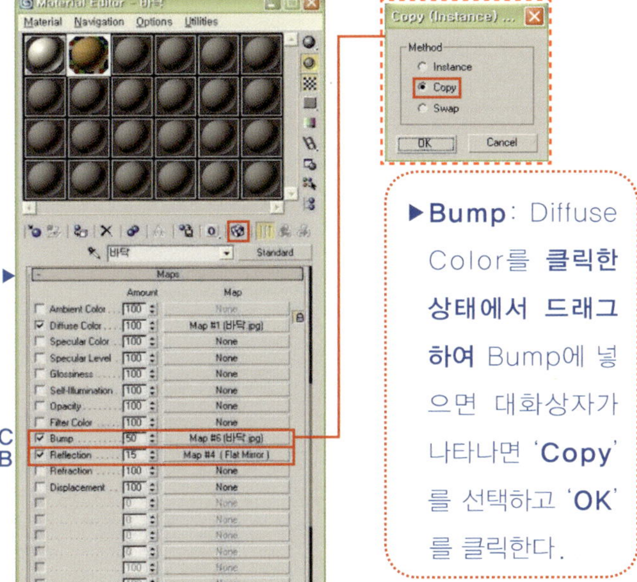

–'Reflection'에 반사 재질인 'Flat Mirror'를 선택하고 하위메뉴의 그림 A와 같이
 클릭한다. (Go to Parent)를 클릭하여 이전단계로 돌아간 뒤 'Reflection'의 B
 'Amount'에 '15'를 입력한다.

–'Bump'는 C그림과 같이 적용하고 'Amount'에 '50'을 입력한다.
–뷰포트에 재질이 적용됐는지 확인하기 위해 (Show Map in Viewport) 아이콘을
 클릭한다.

Step5.

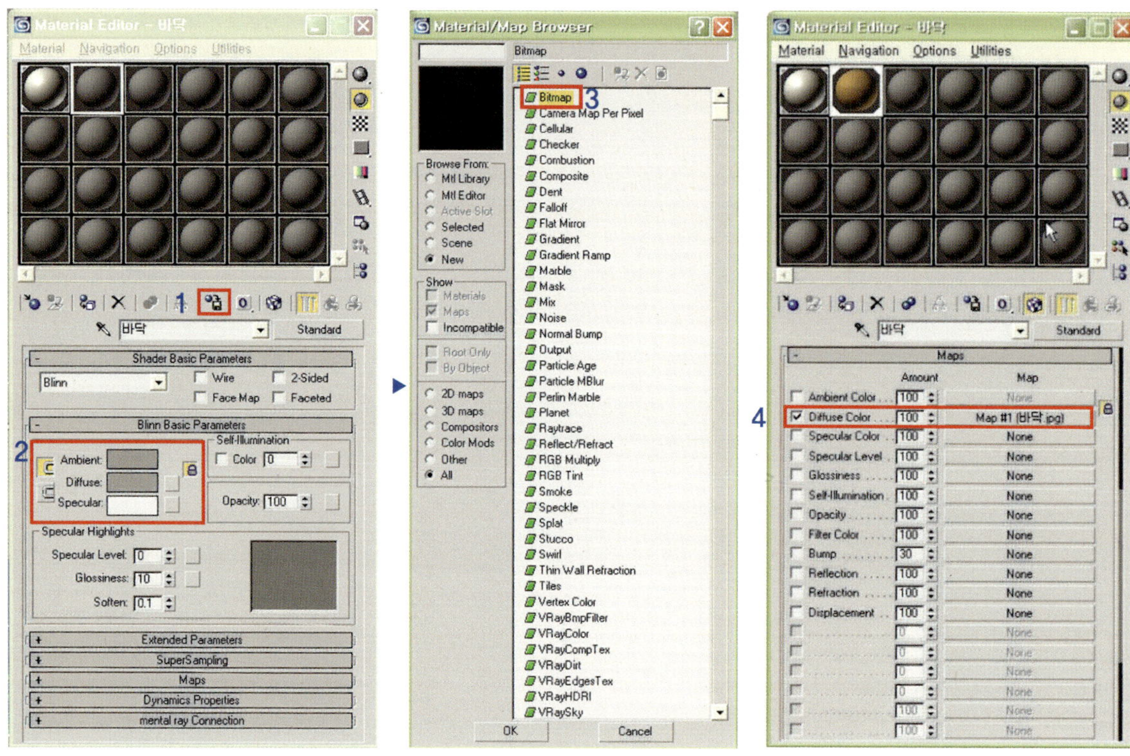

1. **바닥 오브젝트를 선택한 후** 재질 창에서 새로운 슬롯을 선택하여 아이콘을 클릭하고 재질을 적용시킨다.

2. 'Diffuse Color' 옆 사각형을 더블 클릭한다.

3. 'Bitmap'을 클릭하면 **'Select Bitmap Image File'** 대화 상자가 나타난다.
   ([Map]에 'Diffuse Color'에서 비트맵을 적용하는 것과 동일함)

4. **'바닥'** 이미지에 경로를 찾아 불러온 후 🜚(Go to Parent)를 클릭하여 이전 단계로 넘어간다.

Step6.

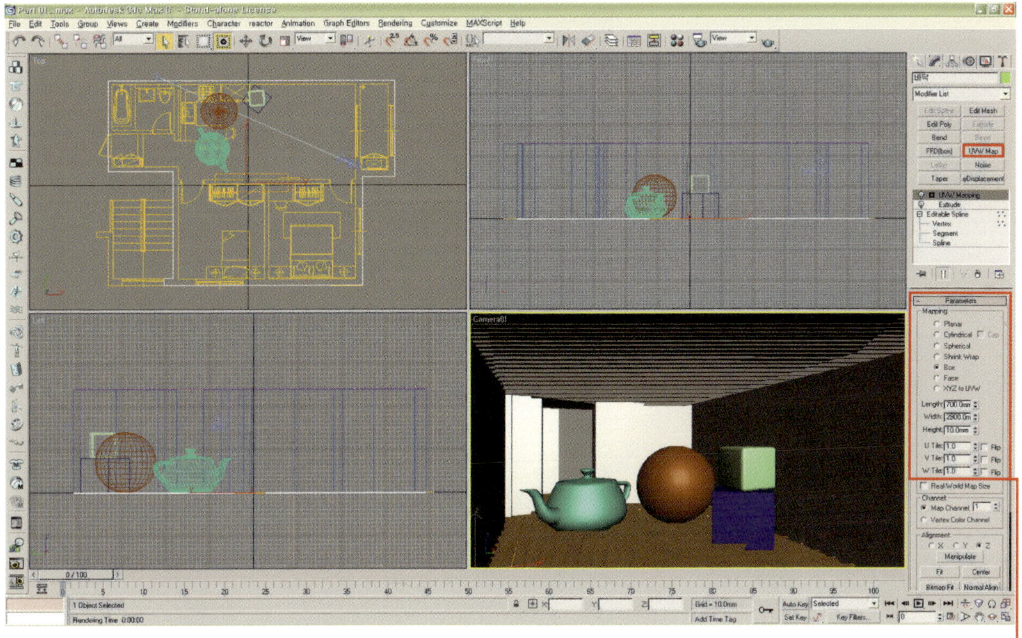

-[Modify]→ [UVW Map] 명령을 실행시킨다. [Parameters] 롤 아웃의 Mapping
그룹의 'Box'를 클릭하고 'Length, Width, Height' 칸에 그림과 같이 입력한다.
(700*2, 800*10)
-[UVW Map]은 스케일에 맞게 사이즈를 적용하는 것이
중요하다. 맵핑의 사이즈를 확인한 후 적용하면 정확한 스
케일에 맞출 수 있다.

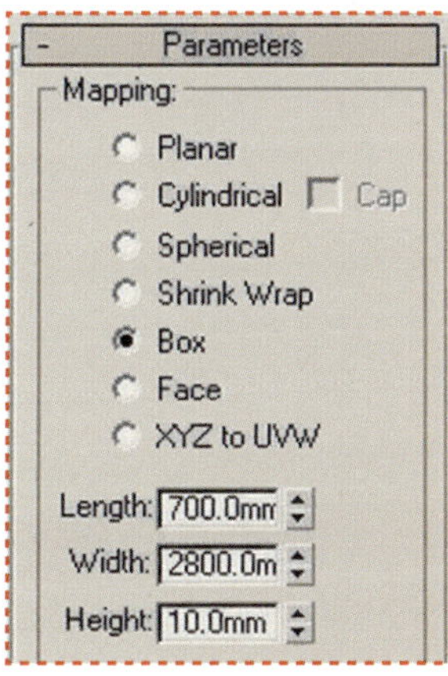

1) 금속 재질 입히기

Step7-1.

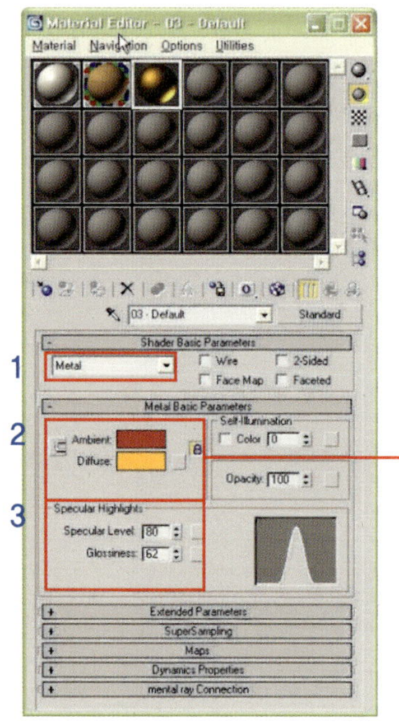

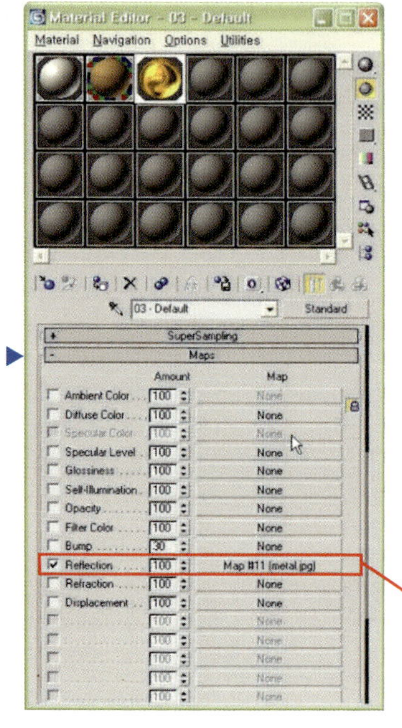

☑ Lock을 풀어준다. 'Ambient Color' R: 166, G: 52, B: 52, 'Diffuse Color'는 R: 255, G: 249, B: 235로 변경한다. 'Specular Highlights'는 그림과 동일하게 적용한다.

-새로운 슬롯을 선택하여 **'Shader'**를 **'Metal'**로 바꾼 후 그림과 같이 컬러와 빛 조절을 한 후 'Teapot'에 재질을 적용한다.

-[Map] 롤 아웃의 'Reflection'에 'Bitmap'을 그림과 같이 적용한다.

Step7-2.

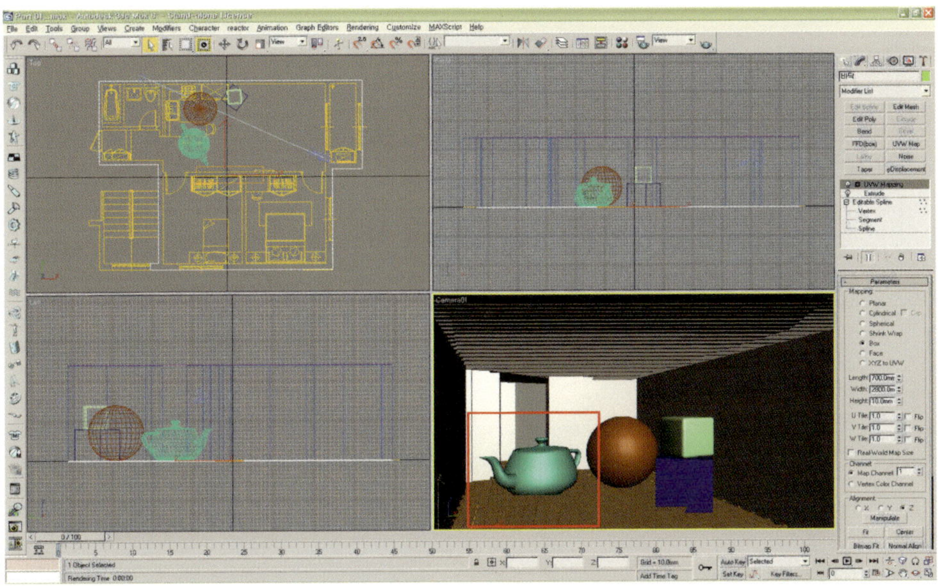

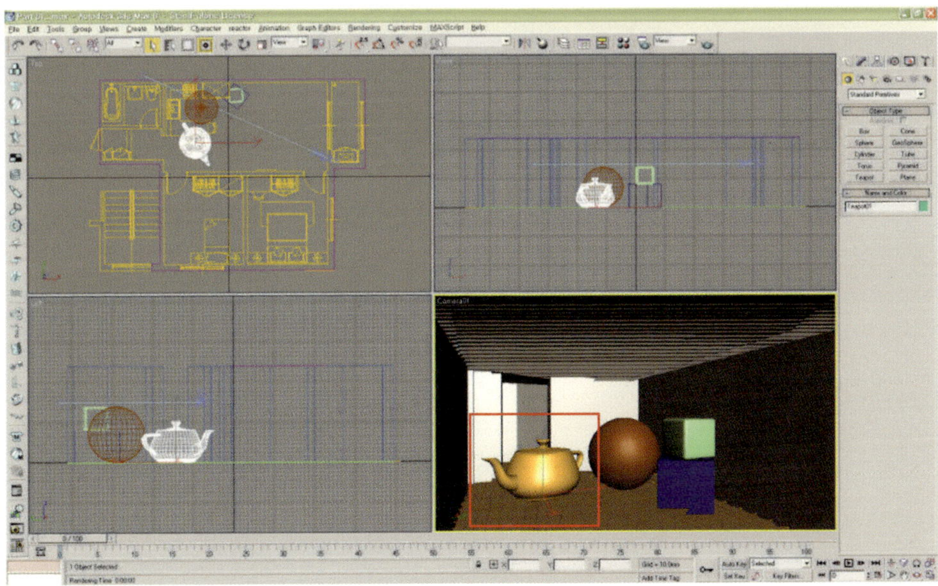

–맵핑을 마치면 그림과 같이 적용된 'Teapot'를 확인할 수 있다.

2) 유리 재질 입히기

Step8.

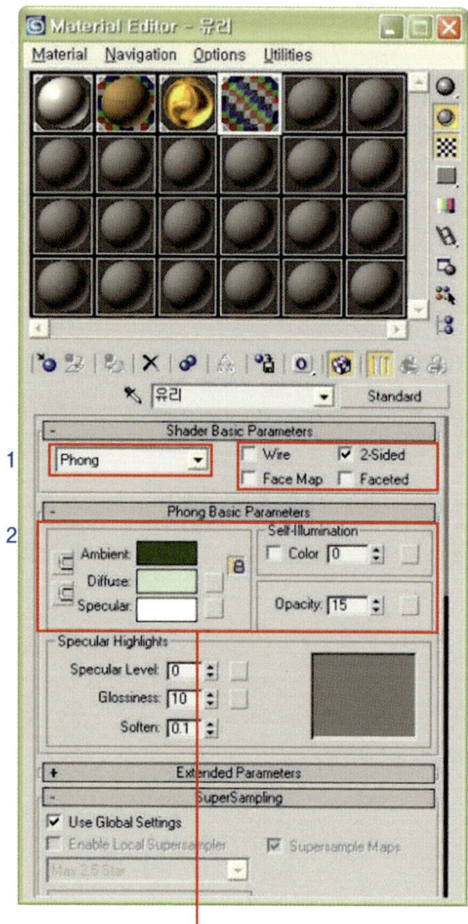

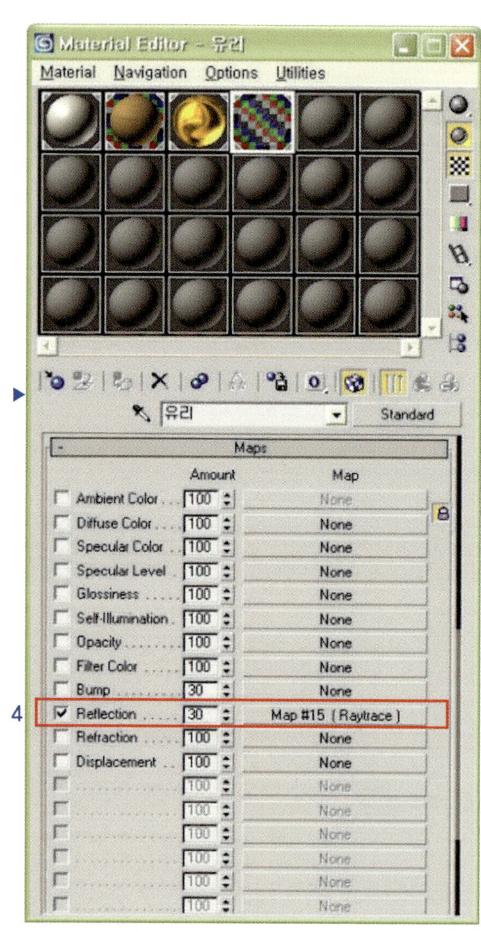

- 새로운 슬롯을 선택하여 'Shader'를 'Phong'으로 바꾼 후 그림과 같이 컬러와 빛 조절을 한 후 'Sphere'에 재질을 적용한다. '2-Side'를 클릭한다.
- [Map] 롤 아웃의 'Reflection'에 'Raytrace'를 그림과 같이 적용한다.

3) Wood

Step9-1.

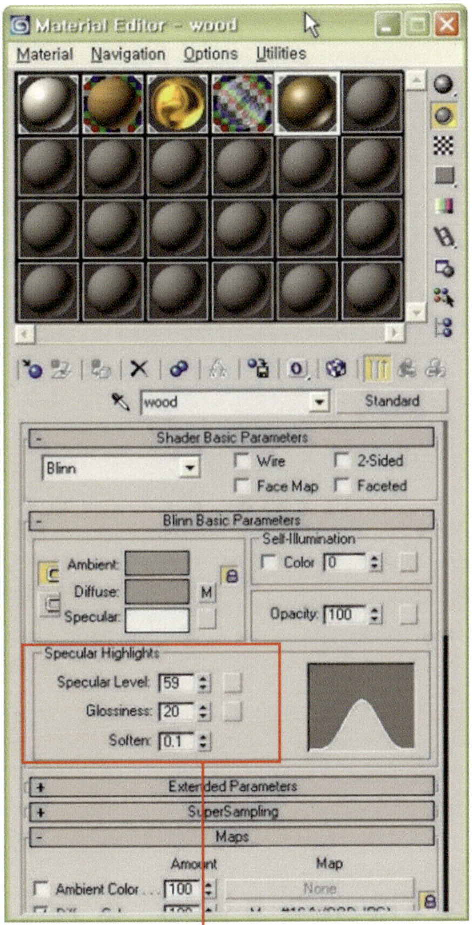

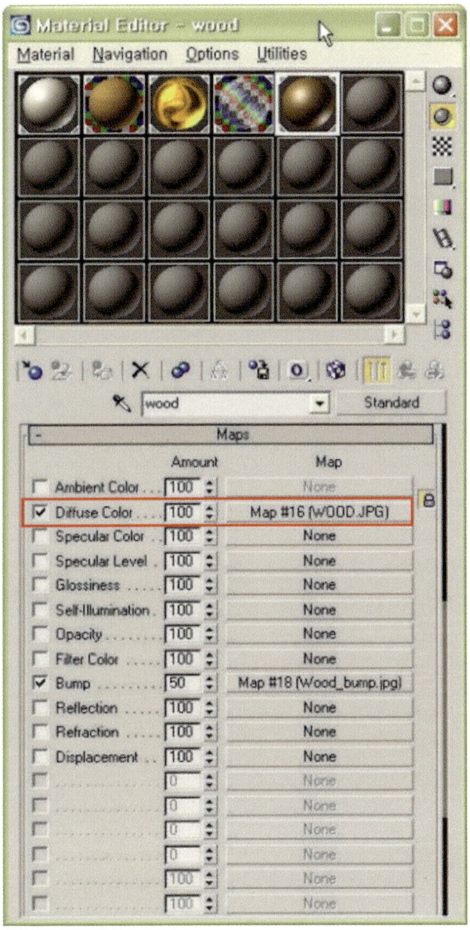

'Specular Highlights'는 그림과 동일하게 적용한다.

-새로운 슬롯을 선택하여 'Diffuse Color'에 'Bitmap'에 **'Wood'** 맵을 적용한다.

-'Bump'에 'Bitmap'은 **'Wood bump'**를 적용한 후 'Amount'에 **'50'**을 입력한다.

Step9-2.

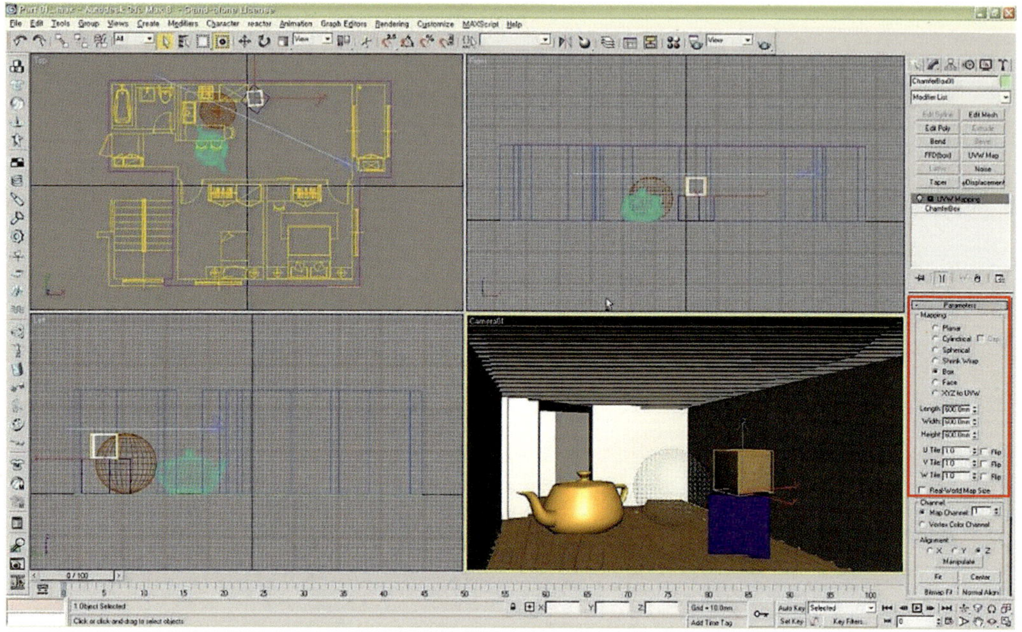

-[Modify]→ [UVW Map] 명령을 실행시킨다.

[Paramater] 롤 아웃의 Mapping 그룹의 'Box'를 클릭하고 'Length, Width, Height' 칸에 그림과 같이 입력한다. (600*600*600)

Step10-1.

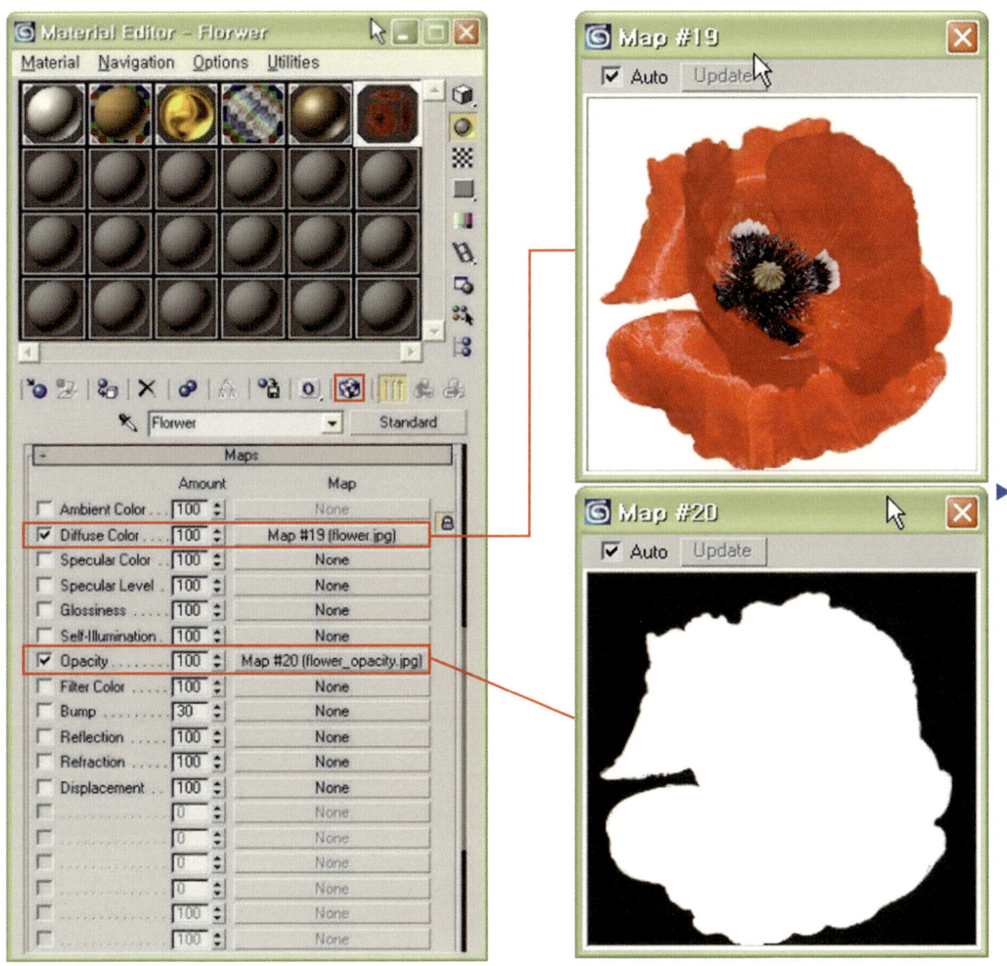

－새로운 슬롯을 선택하여 'Diffuse Color'에 Bitmap, 'Opacity'에 Bitmap을 적용한
(Show Map in Viewport)를 클릭해서 그림과 같이 적용되었는지 확인한다.

Step10-2.

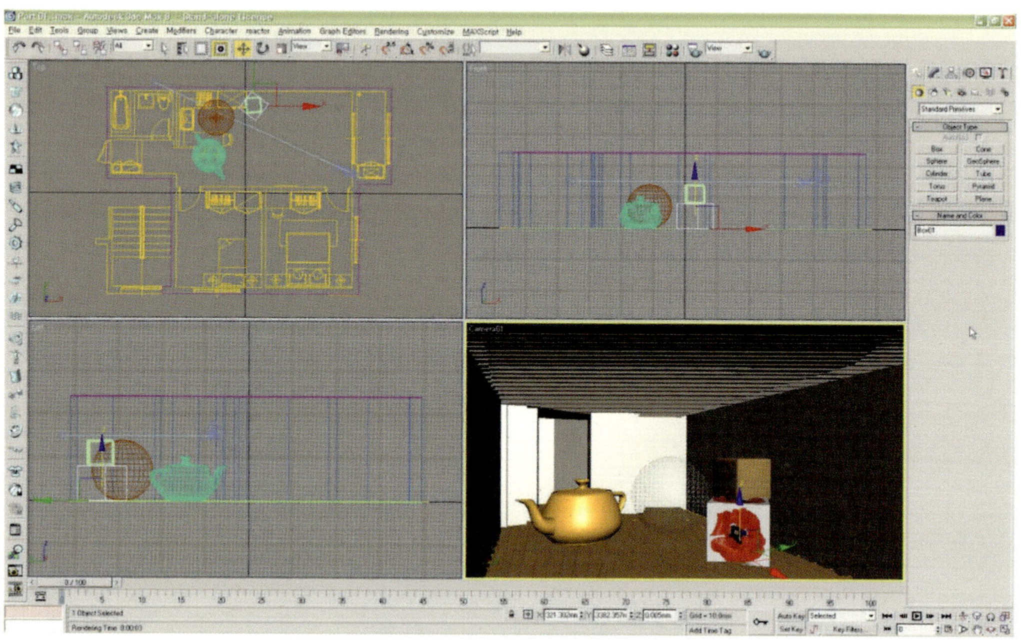

－예를 들어 나무를 만든다고 하면 나무의 모든 부분을 오브젝트로 만드는 것은 많은 시간 과 노력이 필요하다. 하지만 '**Opacity map**'으로 사용할 맵 소스를 준비하고 그림과 같이 **투명하게 표현할 부분은 검정으로, 표현할 부분은 흰색으로** 만든다.

Step11.

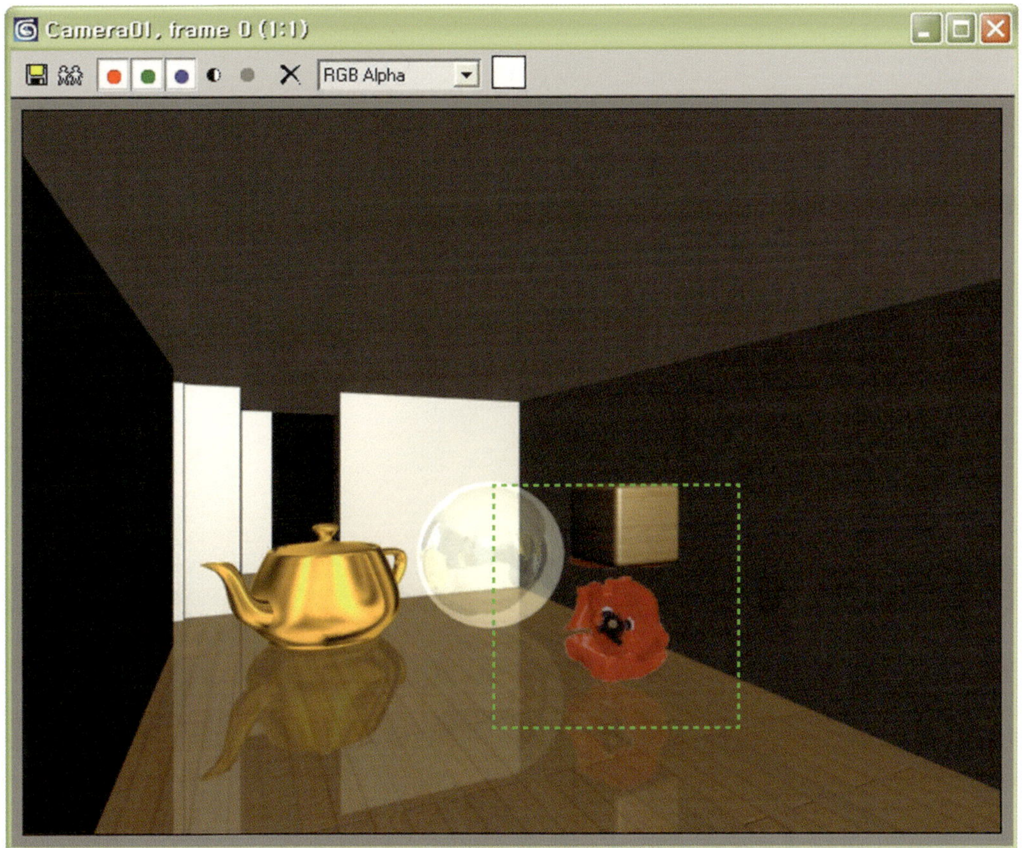

-렌더링을 걸어본다**(단축키 F9).**

-재질 창에서 '2-Sided'를 체크하지 않았을 때 그림이다.

'2-Sided'를 체크하지 않았을 때 한쪽 면만 렌더링 화면에서 보인다.

Step12.

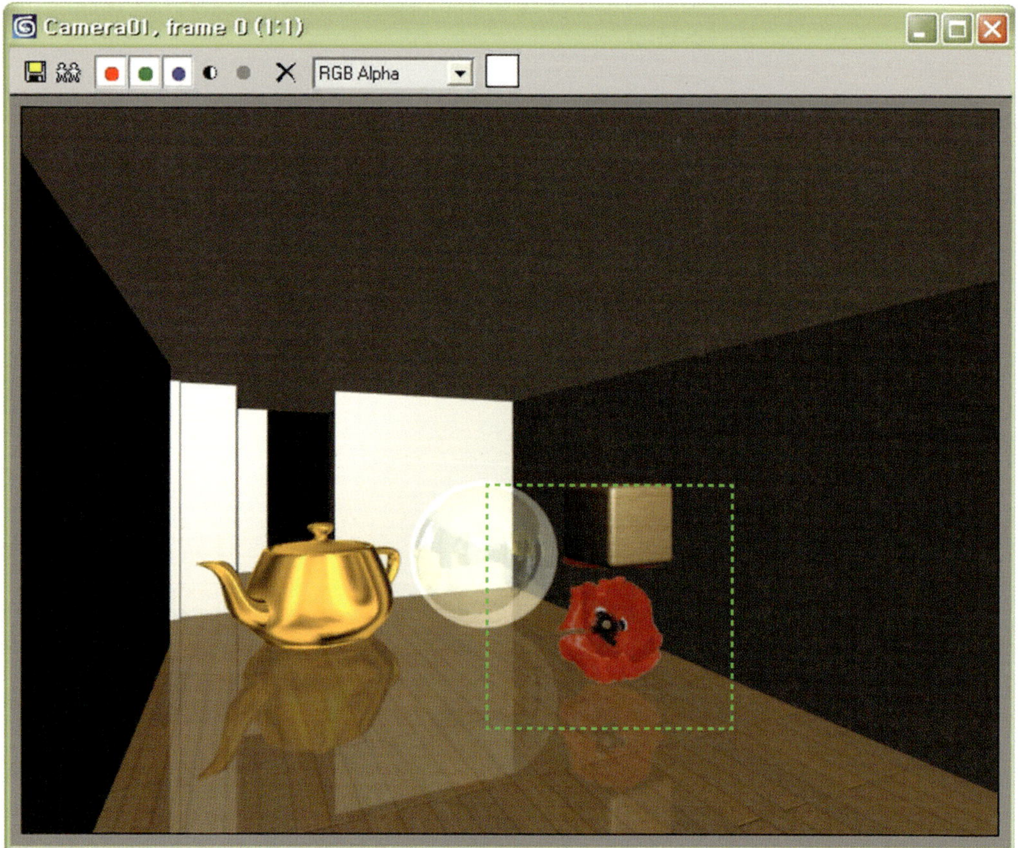

－재질 창에서 '2–Sided'를 체크했을 때 그림이다.

'2–Sided'를 체크했을 때는 양면 모두 렌더링 화면에서 보인다.

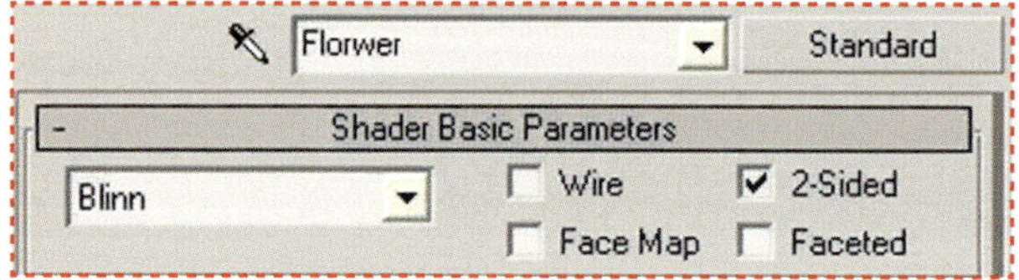

10

재질 입히기2

10. 재질 입히기2
− 실제 사용될 모델링에 Map을 적용한다.

Step1.

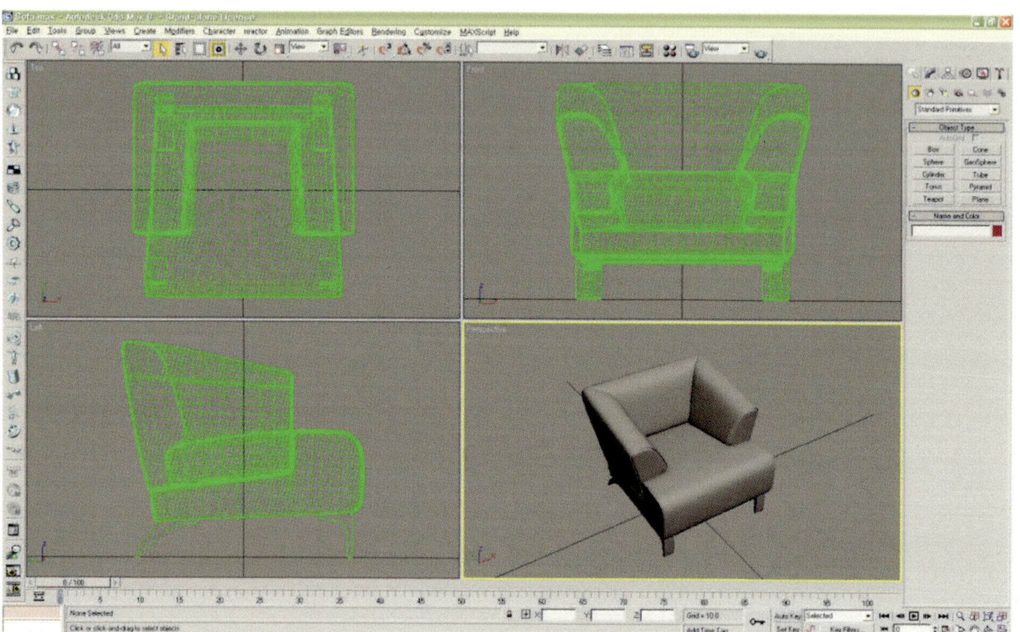

−실제 사용될 모델링을 Import로 가져온다.

1) 가죽 재질 입히기

Step2.

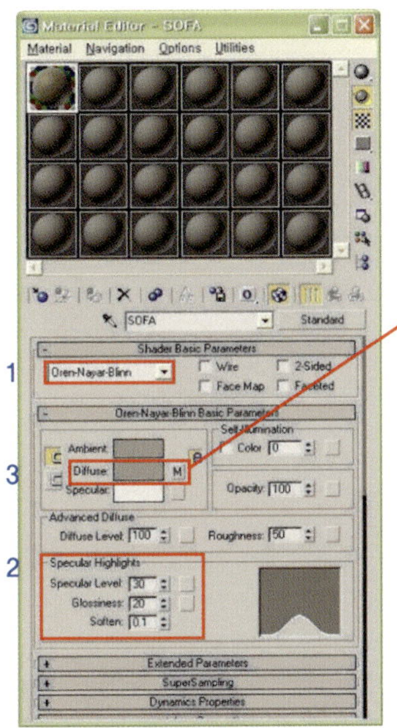 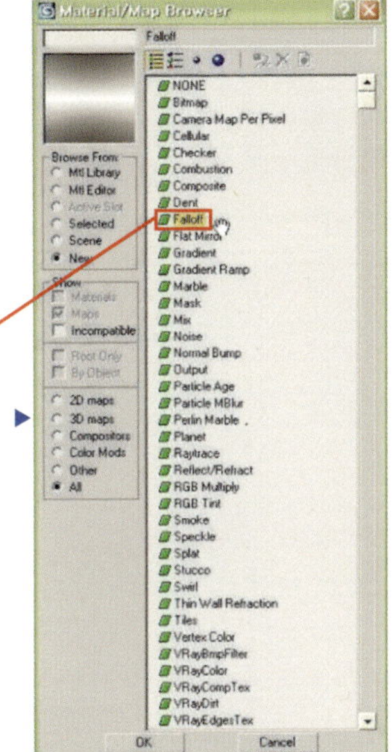 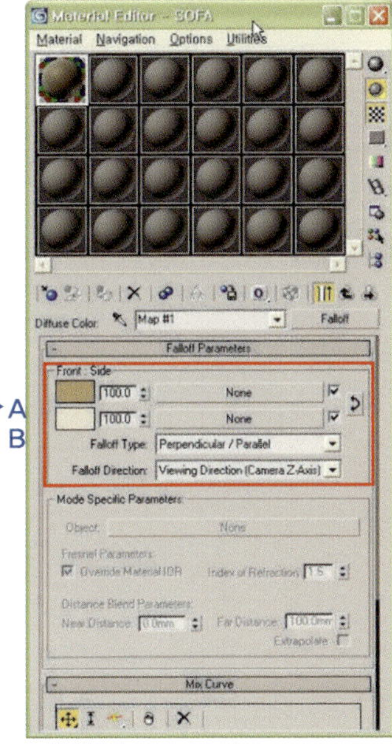

1. **Shader**에서 **Oren-Nayar-Blinn**을 설정

2. **Pecular Highlights**
   30-20-0.1 차례대로 입력

3. **Diffuse**에서 'M' 클릭한
   후 **Falloff** 선택

▶ A
R: 172, G: 150, B: 116

B
R: 222, G: 219, B: 205

▶ Falloff Type:
Perpendicular/Parallel
Falloff Direction:
Viewing Direction
(Camera Z-Axis)

Step3.

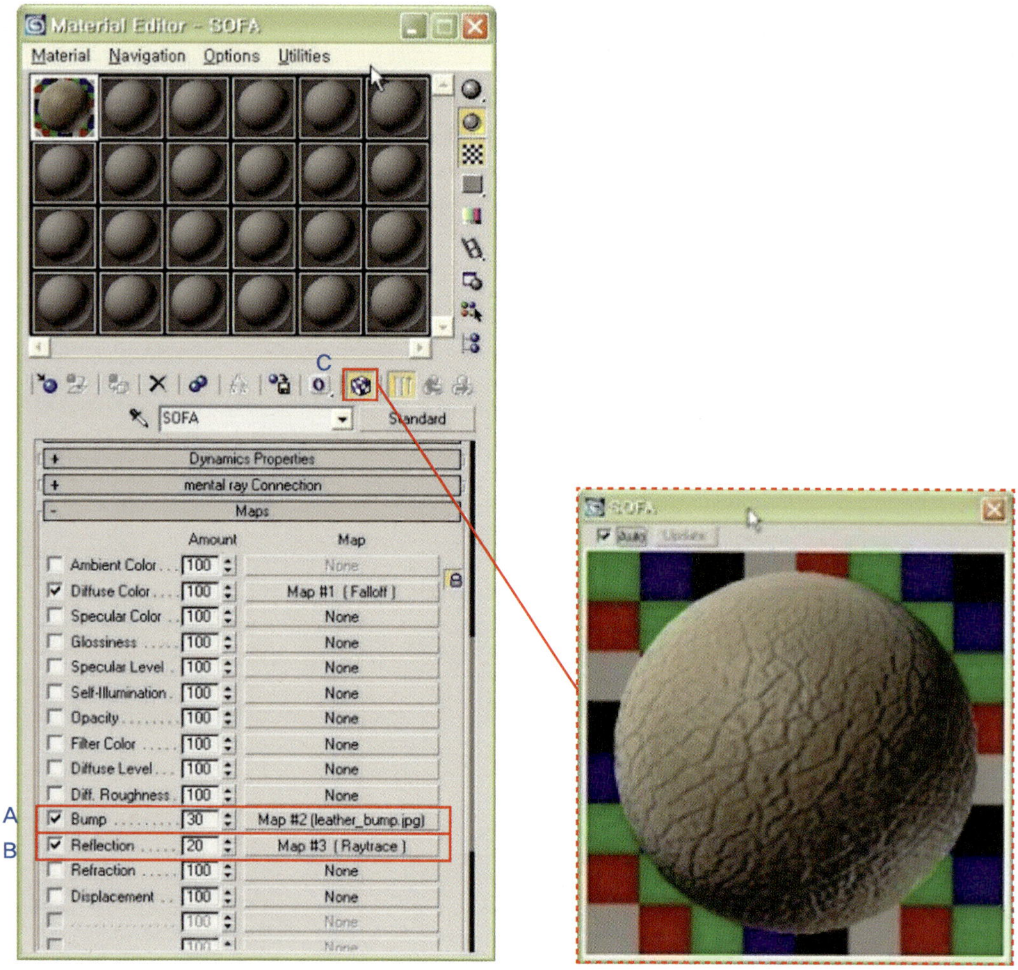

* **가죽재질을 표현한다.**

- A 'Bump'는 그림과 같이 'Bitmap'의 'leather bump'를 적용하고 'Amount'에 '30'을 입력한다.

- B 'Reflection'은 앞서 배운 것과 동일하게 'Raytrace'를 적용하고 Amount'에 '20'을 입력한다.

- C (Show Map in Viewport)를 클릭한다.

Step4.

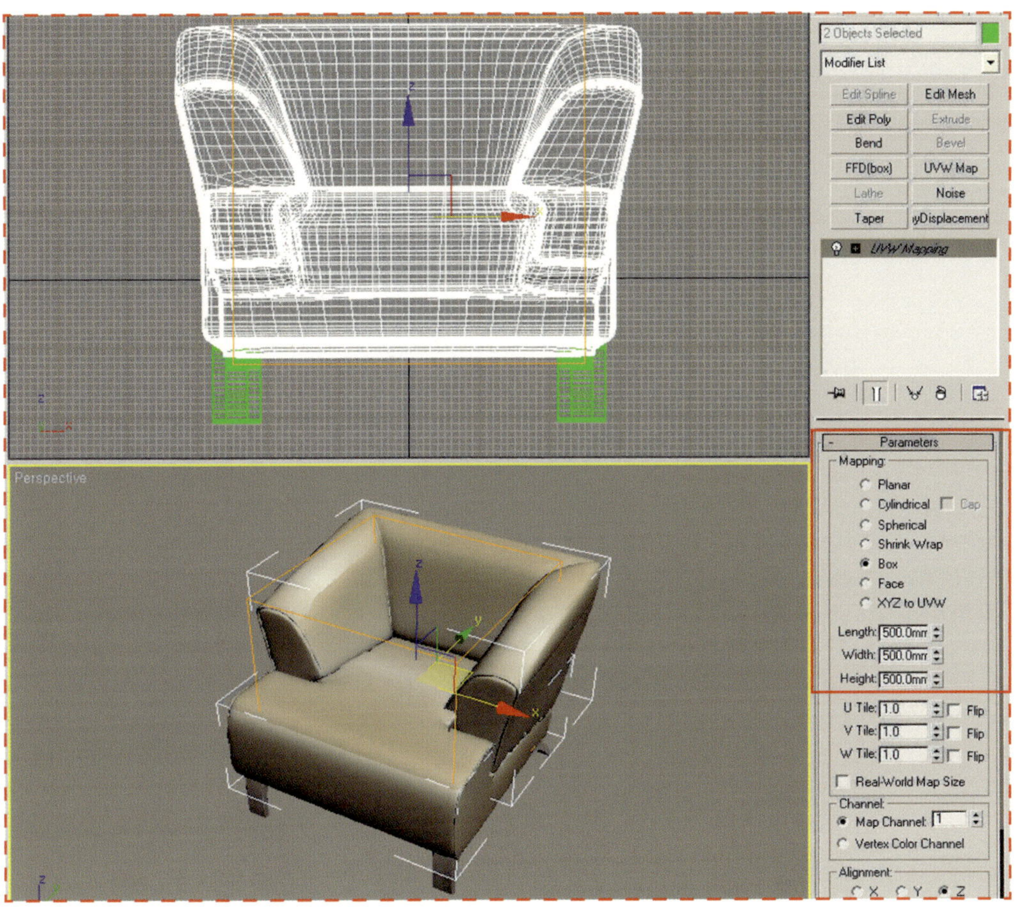

D 소파 등받이와 소파 쿠션을 동시에 선택하고 [Modify]-[UVW Map]-
[Parameters] 롤 아웃의 'Box'를 선택한 다음 L:500, W:500, H:500을 입력한다.

Step5.

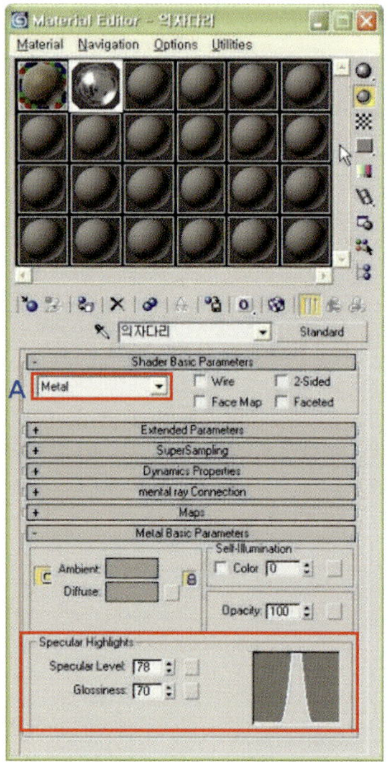

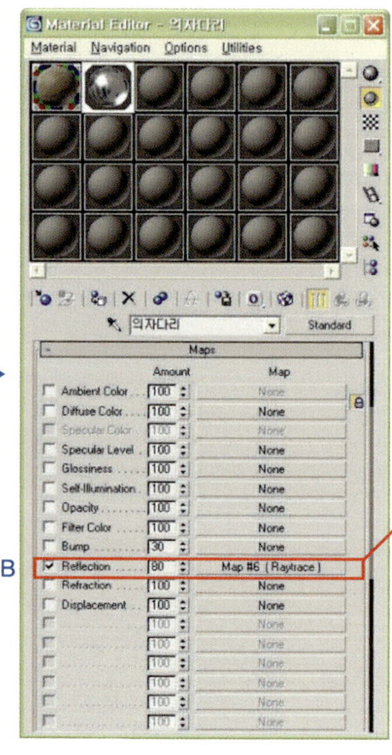

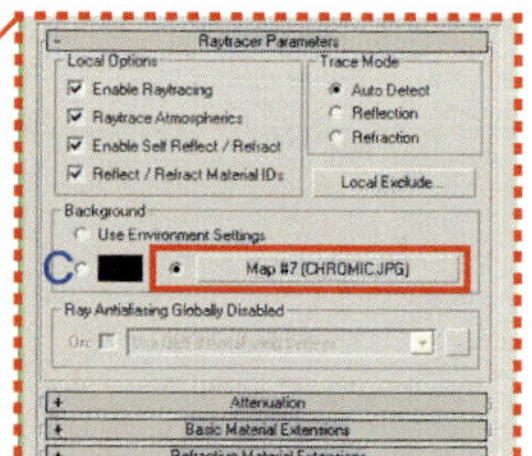

- **A** 새로운 슬롯을 선택하여 **'Shader'를 'Metal'**로 바꾼 후 'Specular Highlights' 값을 입력한다.**(78-70)**
- **B** [Map] 롤 아웃의 'Reflection'은 'Raytrace'를 선택한다.
- **C** 'Raytrace'의 하위 목록 **'Background'에 'None'**을 클릭한다. 'Bitmap'에 'CHROMIC' 파일을 적용한다.

Step6.

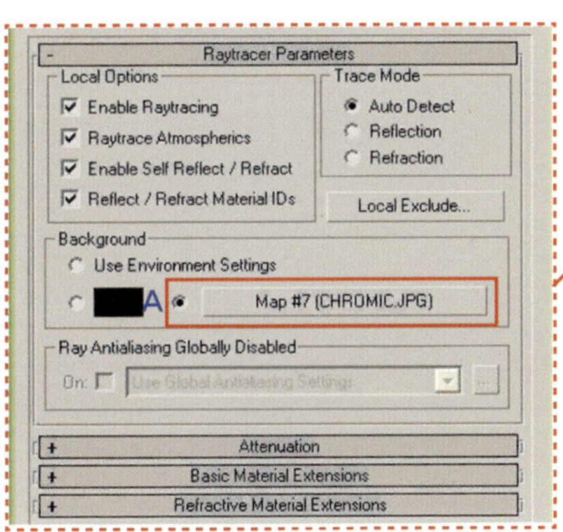

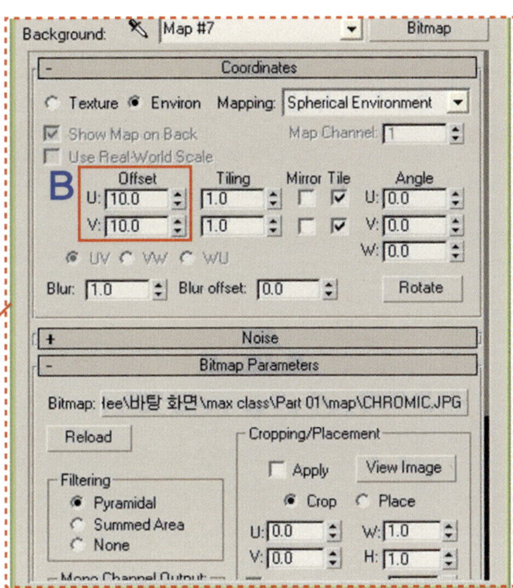

- **A** 비트맵을 클릭하면 대화 상자의 메뉴가 변경된다
- **B** 'Coordinates'의 'Offset'을 그림과 같이 값을 입력한다. **(U: 10, W: 10)**

Step7.

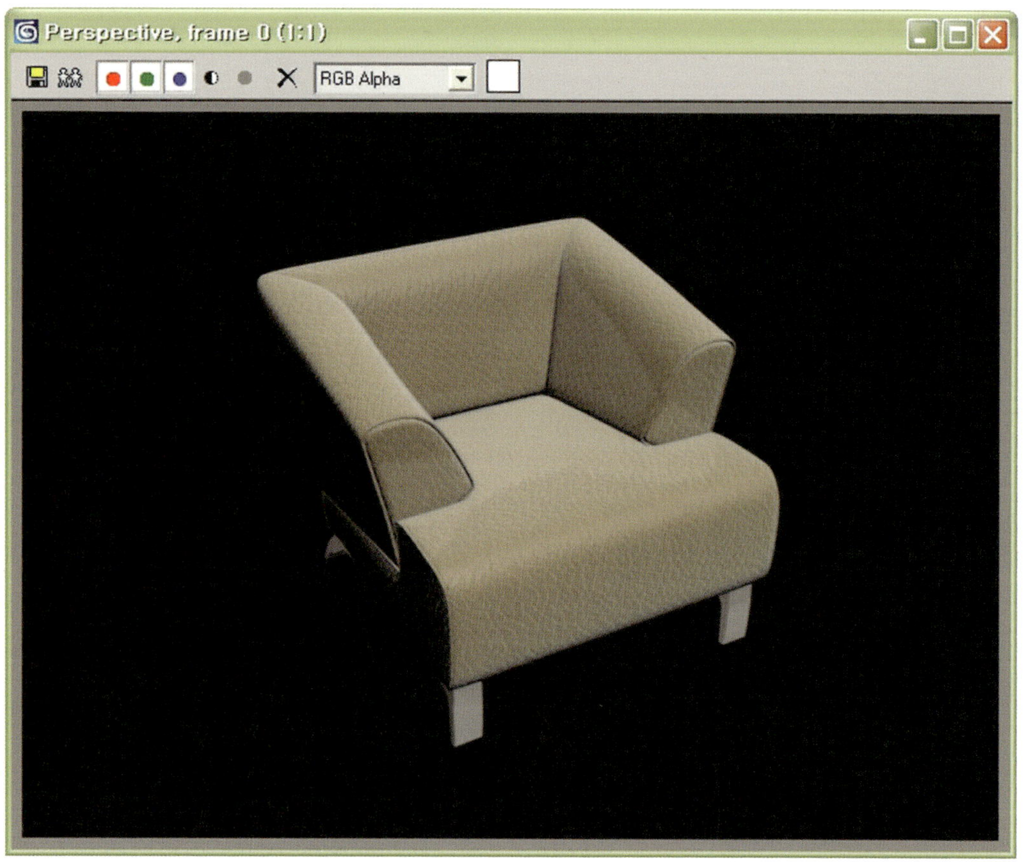

-렌더링을 걸어본다. **(단축키 F9)**

11

Light 설정하기

11. Light 설정하기

−3Ds MAX에서 아주 중요한 부분이라 할 수 있으며 모델링이 끝난 상태에서 오브젝트들의 음양을 더욱 자세히 표현할 수 있다. 또한 장면의 분위기를 연출하는 데 중요한 역할을 하는 것이 조명 부분이다.

Step1.

Target Direct Light

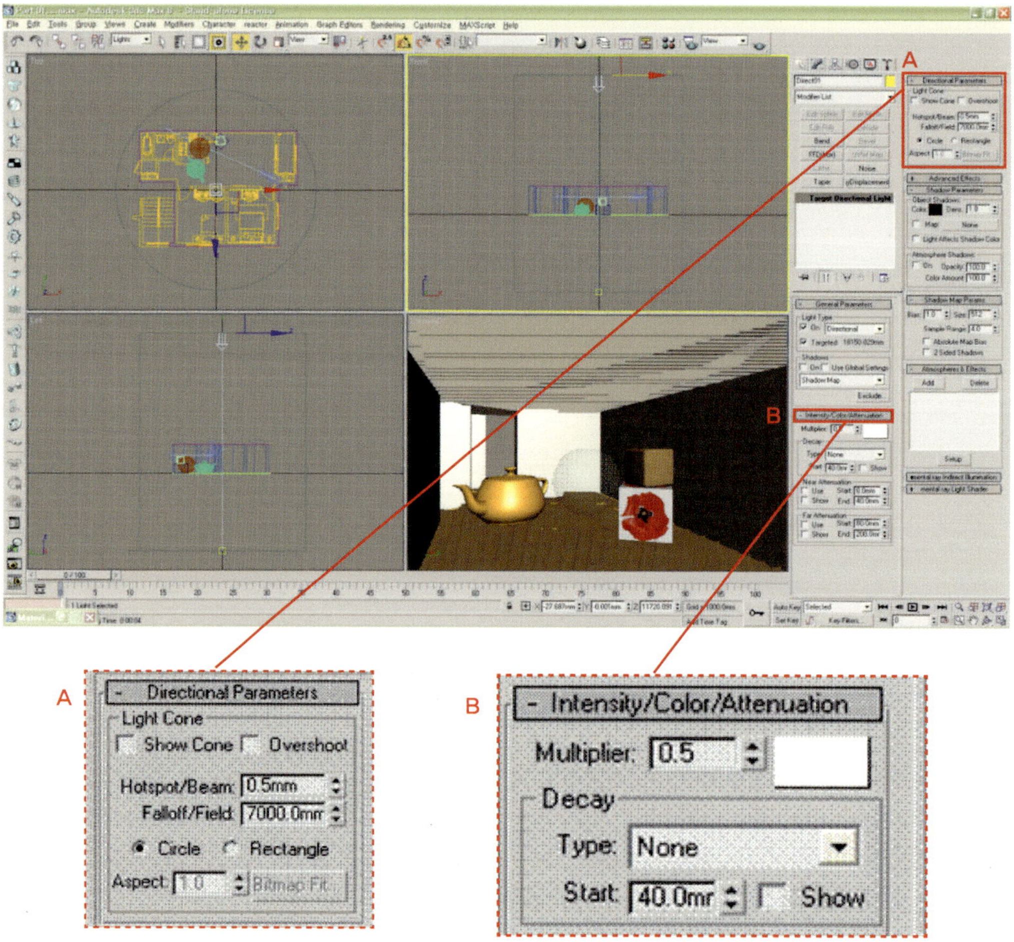

−[Lights]→[Standard]→[Target Direct]를 클릭하고 [Front] 뷰포트에서 드래그하여 그림과 같이 적용한다. [Modify] 조명 옵션을 그림과 같이 설정한다.

Step2.

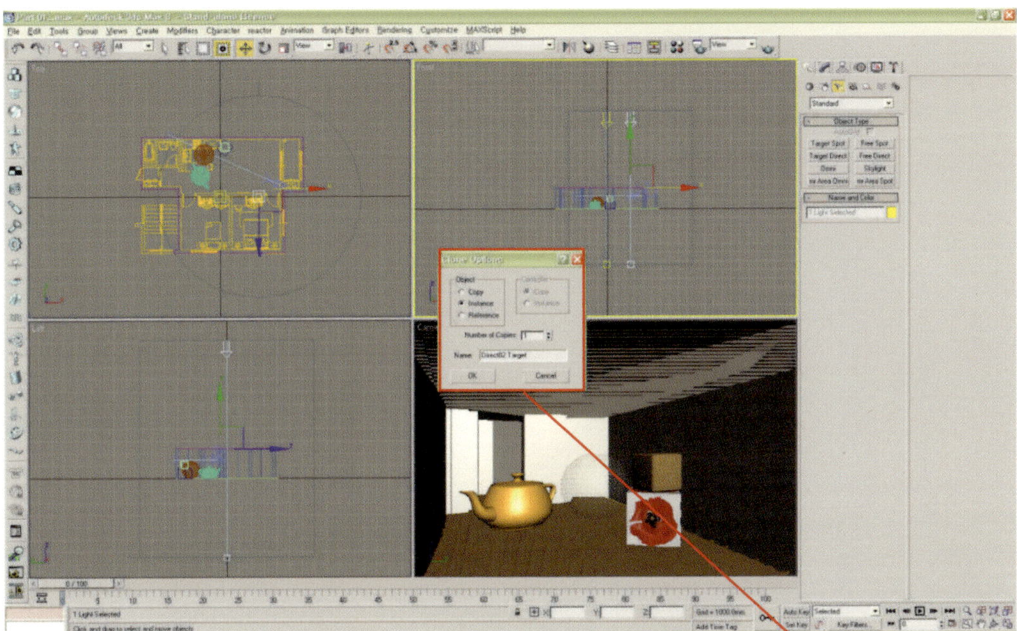

- 설치한 조명을 선택하여 '**Shift**'를 누른 상태에서 마우스로
  드래그하면 '**Clone Option**' 대화상자에서 '**Instance**'
  를 클릭한다.
  **(Instance로 객체를 복사하면 한 객체의 속성을 수
  정할 때 복사된 객체들의 속성이 동일하게 변화된다)**

Step3.

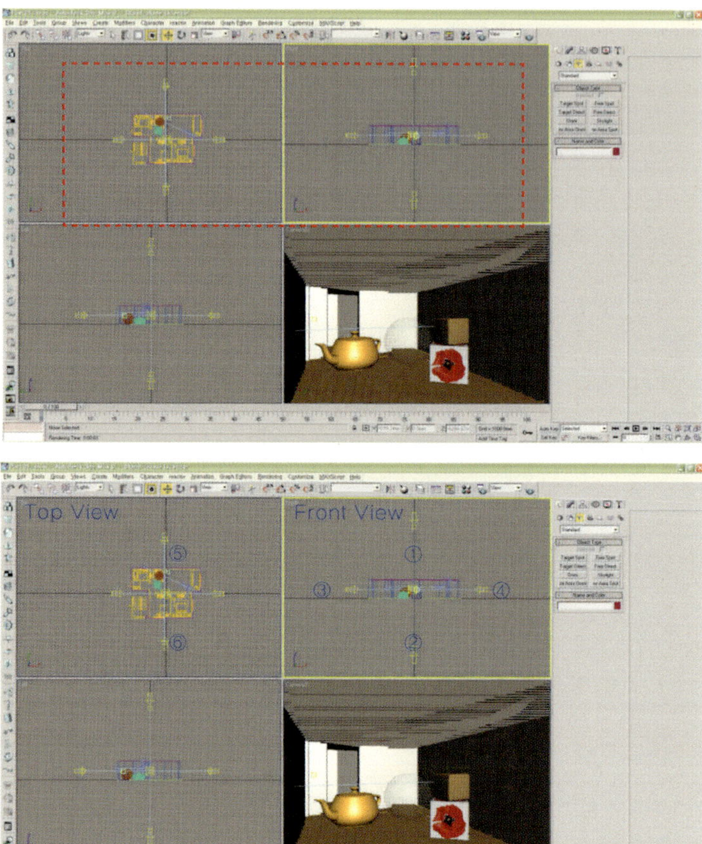

–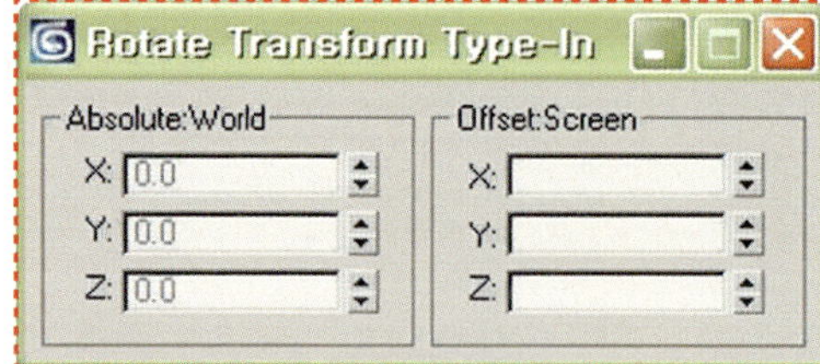(Move), (Rotate) 명령어를 사용하여 그림과 같이 조명(6EA)을 복사하여 배치한다.
조명을 두 개씩 Instance로 복사하여 Multiplier값을 다르게 적용한다.
①–②: 0.5   ③–④: 0.7   ⑤–⑥: 0.65

–(Angle Snap Toggle)은 각도가 5°
씩 스냅이 걸려 편리하다.

–(Rotate) 마우스를 놓고 오른쪽 마우스
를 클릭하여 원하는 각도 치수를 입력하면
보다 빠르고 정확하게 회전 시킬 수 있다.

Step4.

−렌더링을 걸어본다. (단축키 F9)

Step5.

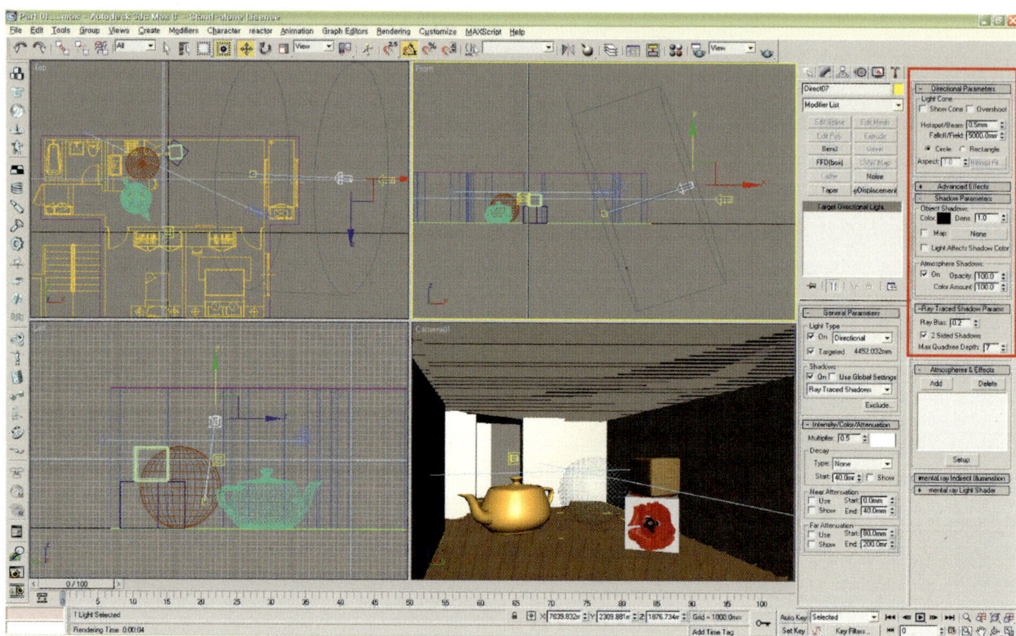

***그림자 표현**

-[Lights]→[Standard]→[Target Direct] 클릭하고 [Front] 뷰포트에서 드래
그하여 그림과 같이 적용한다. [Modify] 조명 옵션을 그림과 같이 설정한다.

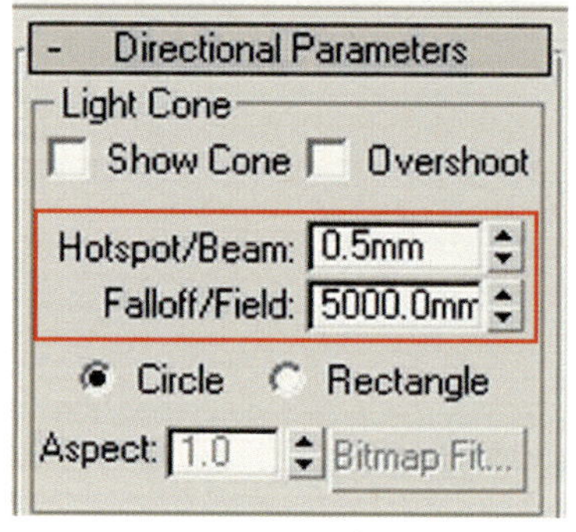

Step6.

Target Spot Light

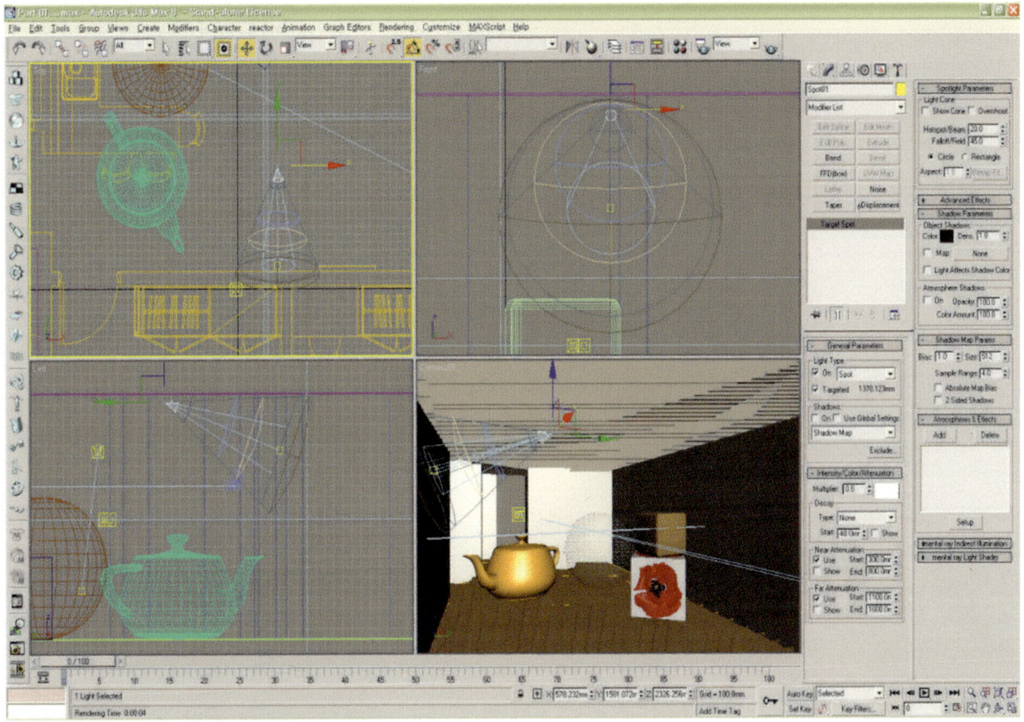

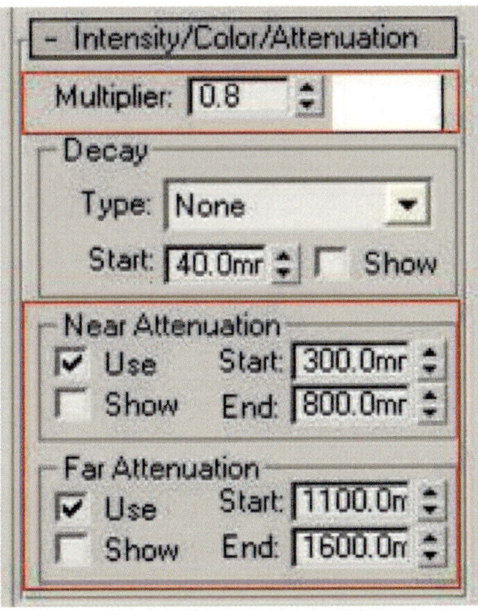

-[Lights]→[Standard]→[Target Spot]를 클
릭하고 [Top] 뷰포트에서 드래그하여 그림과 같이
적용한다.
-[Modify] 조명 옵션을 그림과 같이 설정한다.

Step7.

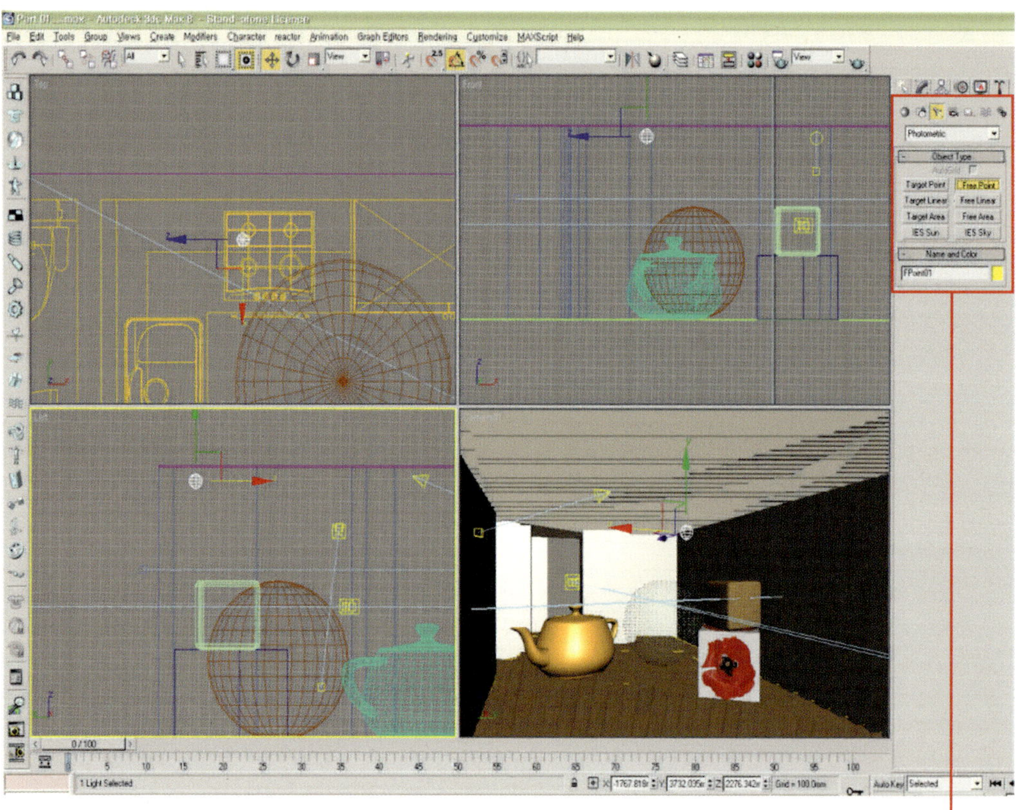

-[Lights]→ [Photometric]→ [Free Point]를
클릭하고 [Top] 뷰 포트에 클릭한다.

-[Front], [Left] 뷰포트에서 그림과 같이 높이를 올
려준다.

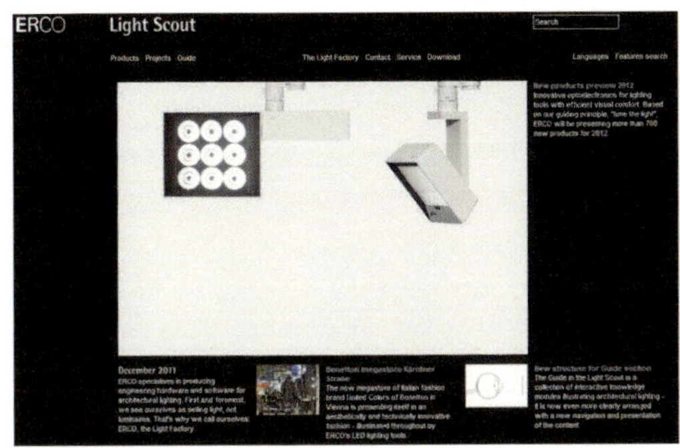

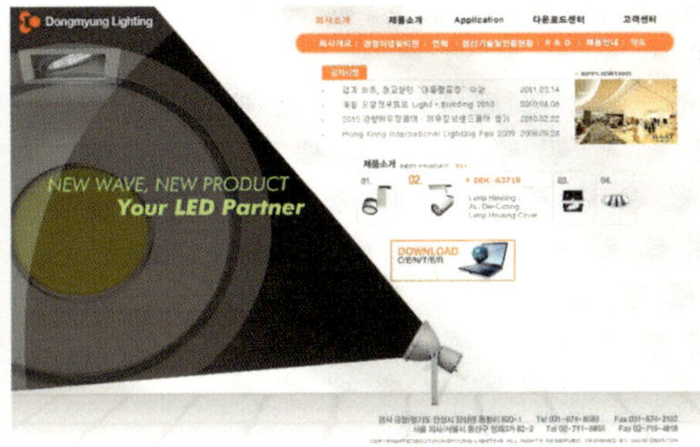

IES 조명

조명을 어떤 위치에 설치했는지에 따라 빛의 효과가 크게 달라진다. 최근에는 디지털카메라의 발달로 조명을 사진 촬영하면 조명기구의 배광 곡선을 눈으로 볼 수 있으며, 이 배광 곡선을 통해 맥스 작업에 이용할 IES파일을 쉽게 선택할 수 있다. IES 파일을 제공하는 조명 회사로 외국 조명 회사인 ERCO(www.erco.com)와 국내 조명 회사인 동명전기 (www.dmlight.co.kr)가 있으며 국내 조명기구 실정에 맞는 동명전기사의 자료는 회사의 웹사이트에서 다운받아서 사용할 수 있다.

Step8.

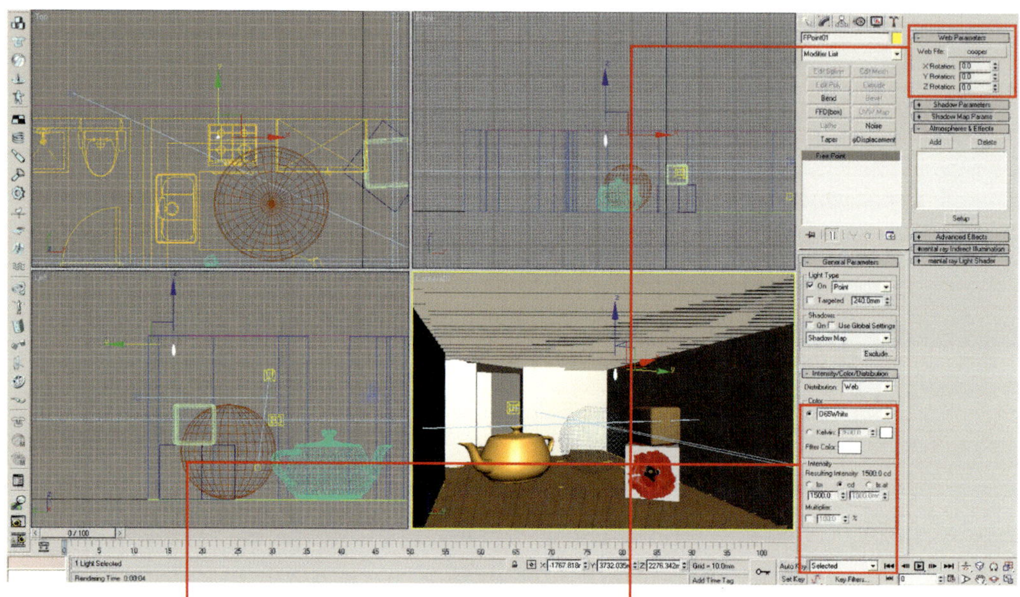

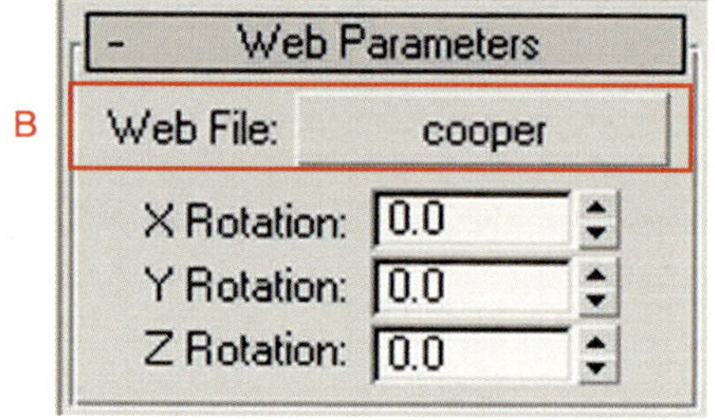

─A [Modify]에서 [Intensity/Color/Distri-
bution]의 롤아웃의 **Distribution 드롭 다운** 메뉴
에서 'Web'을 선택한다. 여기서 조명회사에서 제공하
는 Web 조명 특성파일을 불러온다.

─B [Web Parameters] 롤아웃에 [None] 버튼을
클릭하여 [Open a Photometric Web] 대화상자가
나타나면 나눠준 'cooper' 파일을 불러오면

─C [Intensity/Color/Distribution]의 롤아웃의
Intensity의 cd '1500.0'이 자동으로 입력된다. 렌더
링을 걸어 본다.
(벽체가 타지 않도록 간격조절해야 한다)

Step9.

—조명을 배치하여 예제 그림과 동일하게 적용한다.
—그림과 같이 'Target Spot'보다 IES를 사용하는 것이 조명을 연출하는 데 있어 밝기,
 위치선정 등을 쉽게 연출할 수 있다.

12

V-Ray Render

12. V-Ray Render

Step1.

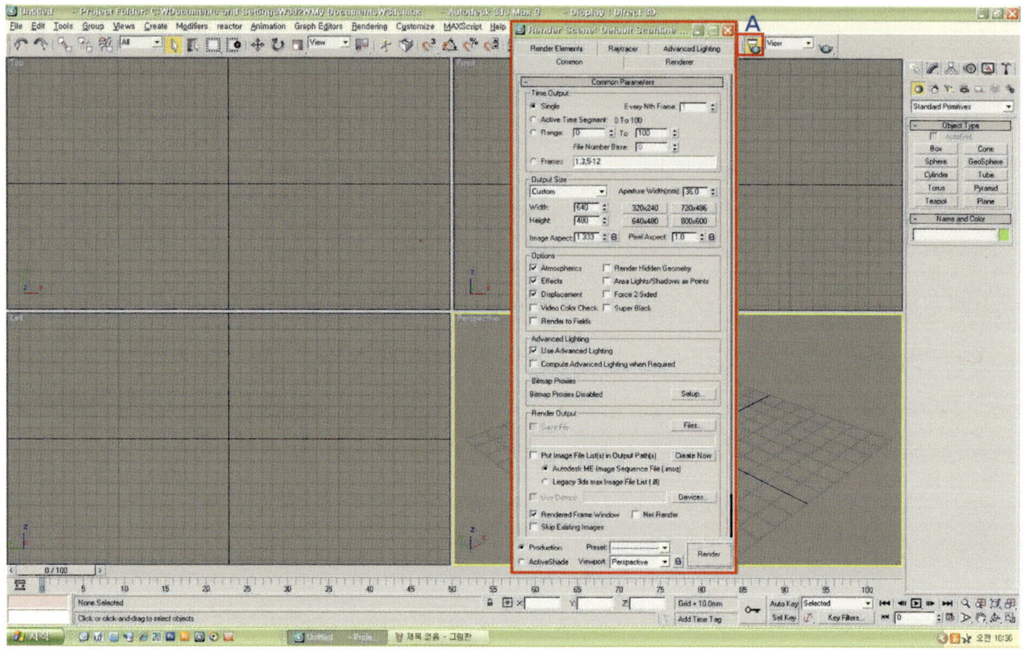

A: V-Ray 렌더링을 하기 이전에 Render Scene Dialog 아이콘을 클릭하여 옵션 값
을 지정한다.

Step2.

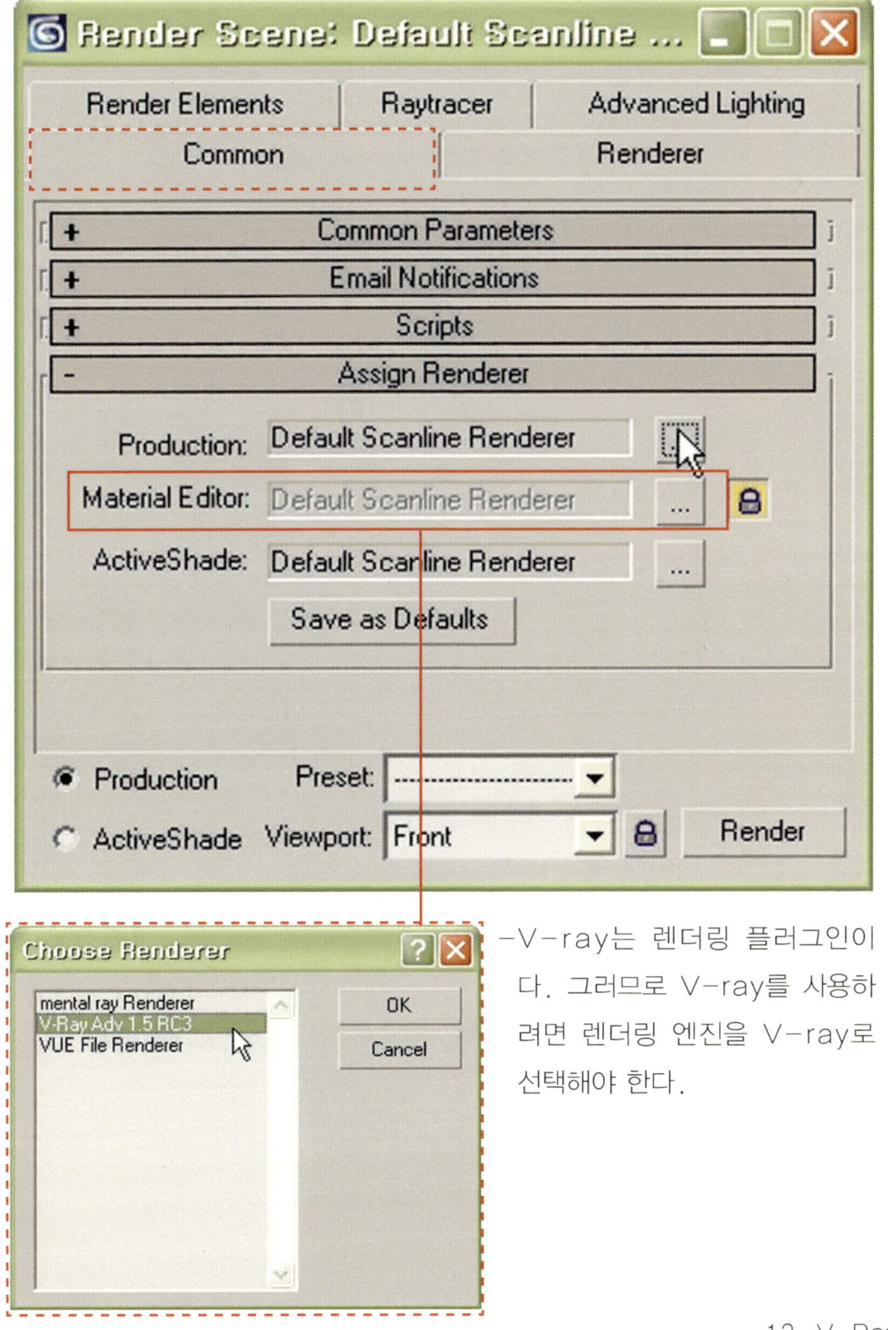

-V-ray는 렌더링 플러그인이
다. 그러므로 V-ray를 사용하
려면 렌더링 엔진을 V-ray로
선택해야 한다.

Step3.

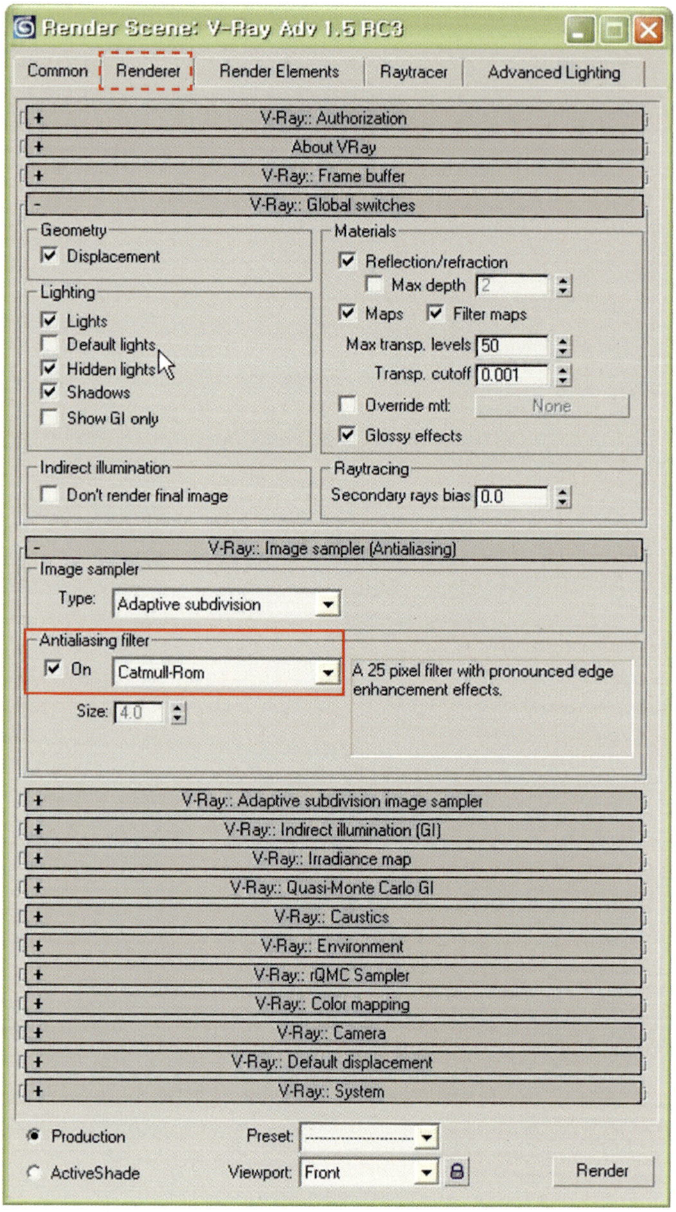

기본 Area로 설정된 것을 catmull-Rom으로 설정하면 좀 더 선명한 품질의 이미지를 얻을 수 있다.

Step4.

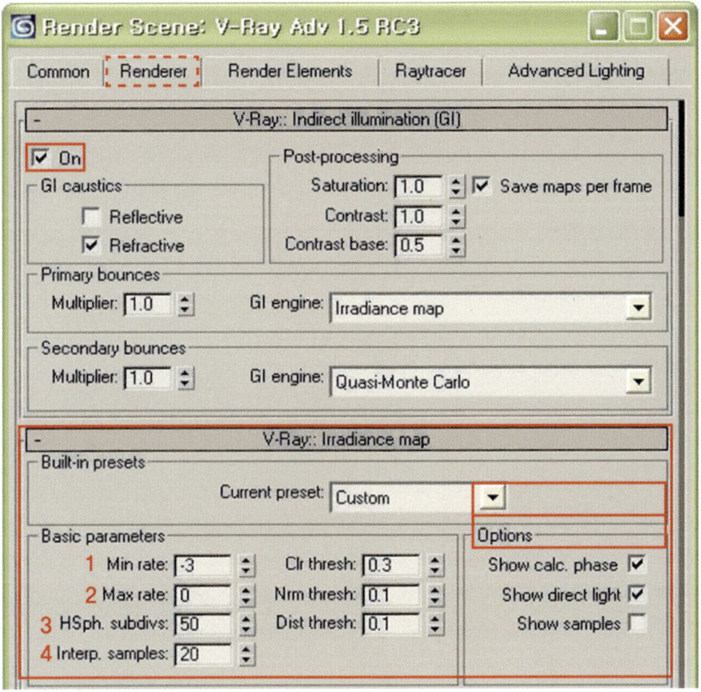

'Current preset'은 'Custom'으로 변경 후

* 연습용 렌더링은(번호순서대로) −4, −3, 30, 20 입력

* 최종 렌더링은(번호순서대로) −3, 0, 40~50, 20 입력

* **Show calc. phase**: 최종 렌더링까지 기다리지 않고서도 대략적인 조도를 미리 볼
  수 있다. 최종 렌더링에서는 옵션을 끄는 것이 렌더링 시간 절약에 도움이 된다.

* **Show direct light**: 'Show calc. phase' 옵션이 설정되었을 때만 사용 가능하다.
  Irradiance map이 생성되는 과정에 다이렉트 라이트 부분을 적용시켜 시각적으로 보
  여준다.

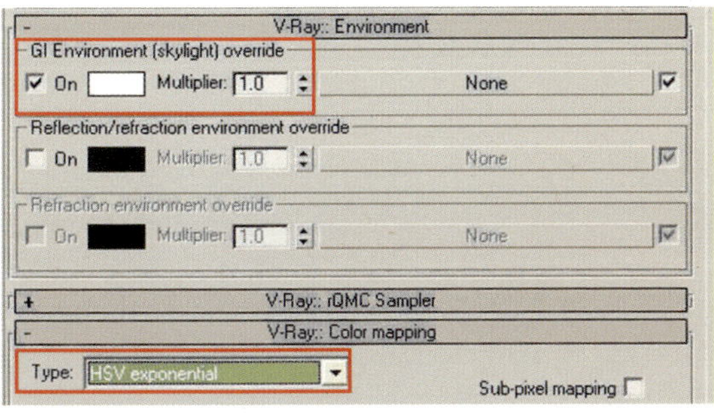

**'HSV exponential' 라이트를 설치한
부분이 하얗게 타는 부분을 없애준다.**

13

V-Ray Mtl

13. V-Ray Mtl

Step1.

−Vray에서 물리적으로 정확한 반사와 굴절 등을 표현하기 위해서 제공되는 재질이다.

−VRay 렌더링 프로그램은 Raytrace를 지원하지 않기 때문에 유리, 타일, 우드플로링, 대리석 등의 굴절, 반사를 표현하기 위해서는 VRayMtl를 사용해야 한다.
(Material Editor에서 Standard 버튼을 클릭하여 VRayMtl을 선택한다.)

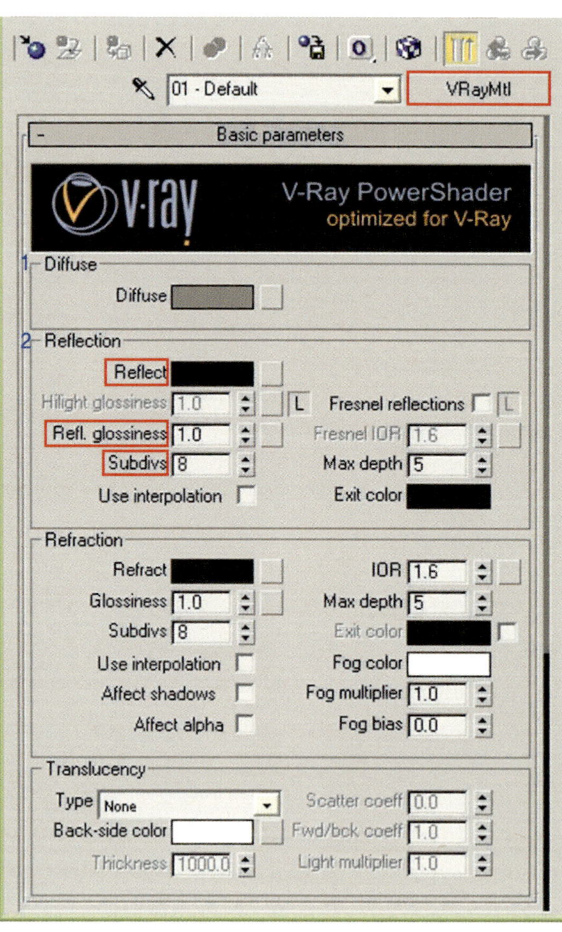

1 Diffuse

−오브젝트에 표현되는 전체적인 색을 설정한다.

2 Reflection

−Reflect: 반사를 조절한다. 흰색에 가까워질수록 반사가 많이 되고 검은색일 경우 전혀 반사가 일어 나지 않는다.

−Refl. glossiness: 반사재질의 선명도를 결정한다. 수치가 1에 가까워질수록 선명하게 표현된다. (예를 들어 바닥 재질의 우드플로링, 타일 등의 질감 있는 표현을 할 때 0.8∼0.98의 수치를 입력한다. 수치를 낮게 입력할수록 렌더링 속도는 증가한다)

−Subdivs: 반사 재질을 표현하는 광선의 개수를 결정한다. 수치가 높아질수록 반사되는 부분이 부드럽게 표현되지만 렌더링의 속도는 증가한다.

Step2.

3 Refraction

-Refract: 재질의 투명도를 설정한다. 흰색에 가까울수록 물체의 투명도가 낮아진다.

-IOR: 재질의 굴절률을 설정한다. 빛이 직진하다가 다른 매질을 만나게 되면 빛의 진행
방향이 굴절하게 된다. 설정 값이 1.0일 경우 빛은 방향을 바꾸지 않는다.

-Glossiness: 굴절 재질의 선명도를 결정한다. 수치가 1에 가까워 질수록 선명하게
표현한다. (에칭 유리에 많이 사용된다. 수치를 낮게 입력할수록 렌더링의 속도는 증가한
다)

-Subdivs: 굴절 재질을 표현하는 광선의 개수를 결정한다.
수치가 높아질수록 반사되는 부분이 부드럽게 표현되지만 렌더링의 속도는 증가한다.

-Affect alpha: 재질의 투명도에 따라서 알파채널을 만든다. 단, Glossy Refraction
이 적용된 경우는 적용되지 않는다. (알파채널을 설정해놓으면 포토샵에서 리터칭 시
유용하게 사용된다)

14

V-Ray Light

14. V-Ray Light

-Light 〉 Standard를 V-Ray로 변경하면 V-Ray Light를 설치할 수 있다.
 (Rectangle을 그리듯이 설치)
-주로 전체적인 조도를 설정할 때 쓰이며 개구부(창문, 벽이 뚫린 부분), 간접조명에
 사용된다.

Step1-1.

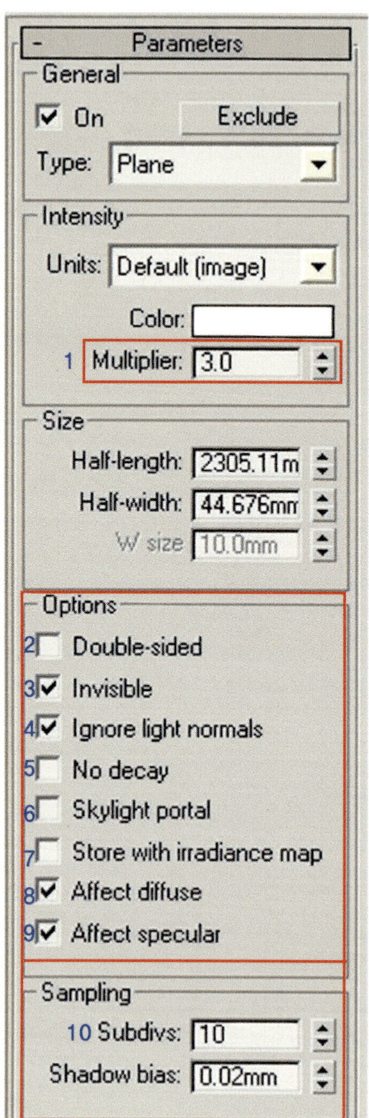

1 Multiplier : 광원의 세기를 설정한다.

Step1-2.

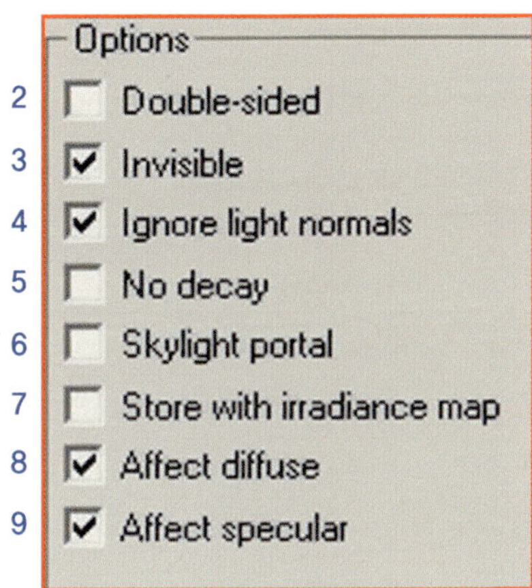

2 Double-sided: 빛이 광원의 앞뒤로 방출될 것인지를 결정한다.
　(Plane일 경우에만 해당)

3 Invisible: 최종 렌더링 결과물에서 V-RayLight가 보여질지 여부를 결정한다.

4 Ignore light normals: 렌더링 시 광선이 기본 라이트를 칠 때 쉬운 방법으로 계산
　하는 것을 허용할 수 있다. 현실적인 시뮬레이션(Real World)을 위해서는 설정을 해
　제한다.

5 No decay: 일반적으로 광원의 세기는 거리의 제곱의 반비례하여 감소한다.
　옵션을 사용하면 빛의 세기가 광원에서 멀어지더라도 감소하지 않는다.

6 Skylight portal: 이 설정을 사용하면 광원의 색상과 세기가 무시된다. 대신
　Environment에서 설정한 값을 따르게 된다.

Step1-3.

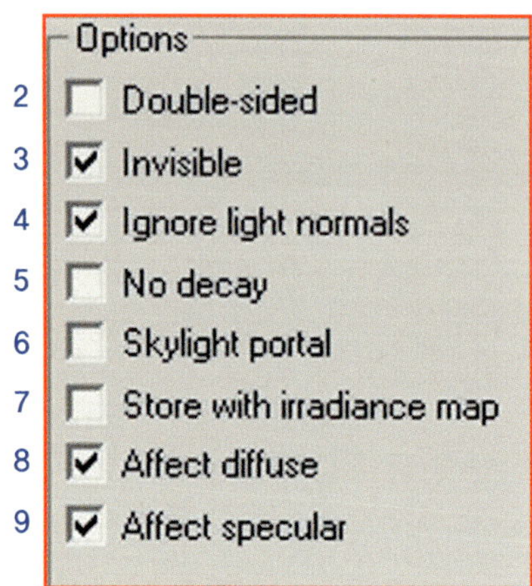

7 Store with irradiance map: 체크를 하게 되면 Irradiance map 계산 시에 V-Ray Light의 효과를 재계산하여 Irradiance map에 포함시켜 버린다. Irradiance map계산은 조금 느려지겠지만 렌더링 시 V-Ray Light 계산을 하지 않아 속도는 더욱 빨라질 것이다. 하지만 사용될 경우 재질의 specular가 뭉개져 표현이 제대로 되지 않는다.

8 Affect diffuse: 재질의 난반사로 인해 물체의 고유색을 볼 수 있는데 설정을 해제하면 물체의 고유색을 볼 수 없게 된다.

9 Affect specular: 물체 재질에 specular가 생성될 것인가를 결정한다. Hight Light란 재질에 반사도가 있어서 광원이 비쳐 보이는 모습이다.

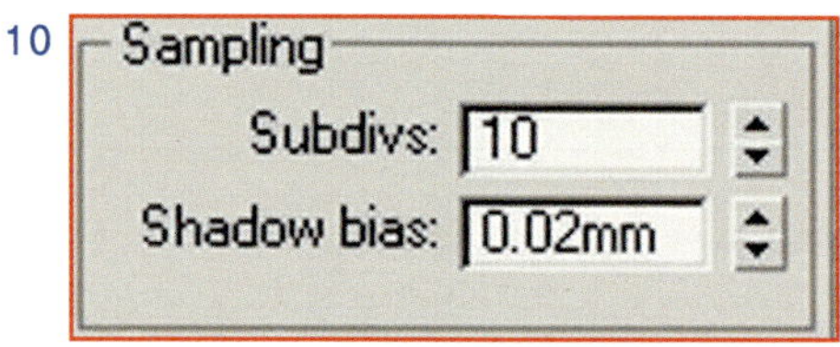

10 Sampling

● Subdivs: lighting을 계산할 때 얼마나 많은 수의 sample을 사용할 것인가를 설정한다. 값이 작으면 렌더링 시간은 빠르지만 Noise가 발생한다.

● Shadow bias: 물체로부터 그림자가 시작되는 지점을 전후로 이동시키는 옵션이다. 수치가 극단적으로 높거나 낮을 경우 그림자가 생성되지 않을 수도 있다.

15

예제: 병원 로비 모델링하기

15. 예제: 병원 로비 모델링 하기

Step1.

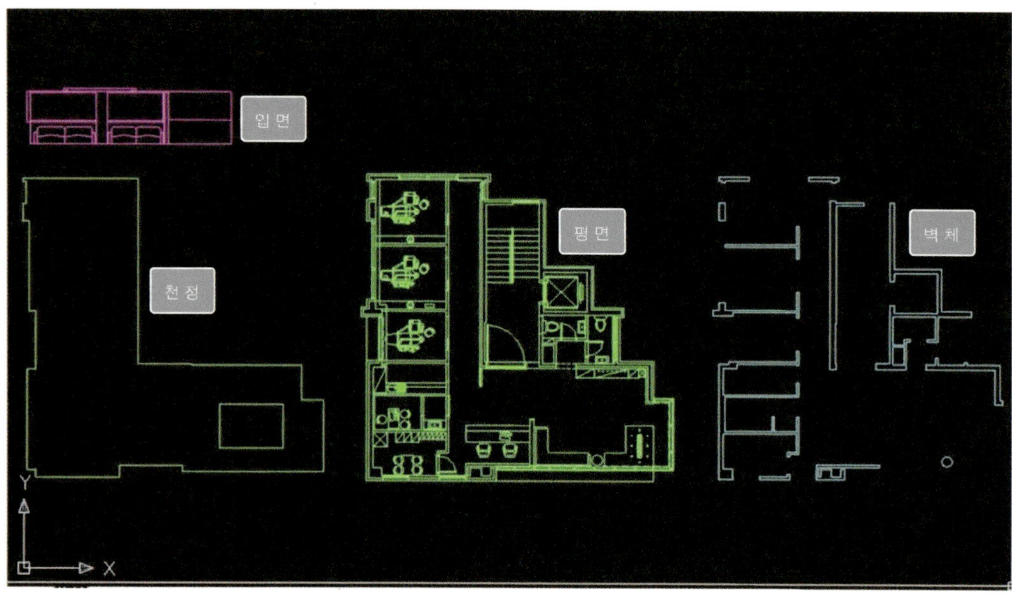

−CAD에서 그림과 같이 도면을 정리한다.

Step2.

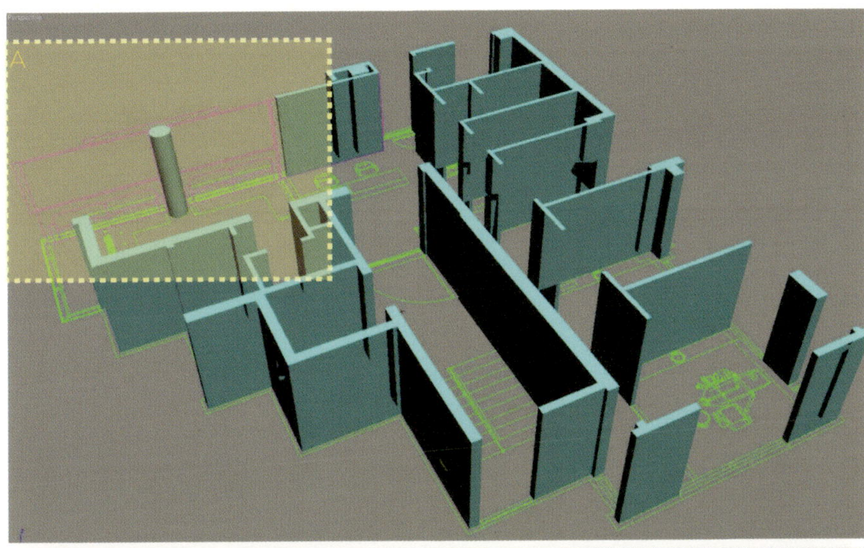

- 벽체의 Extrude Amount 값은 2400, 바닥의 Extrude Amount 값은 10, 천장
  의 Extrude Amount 값은 200을 입력한다.
- A입면은 그림과 같이 배치한다. (Rotate, Mirror 사용)

Step3.

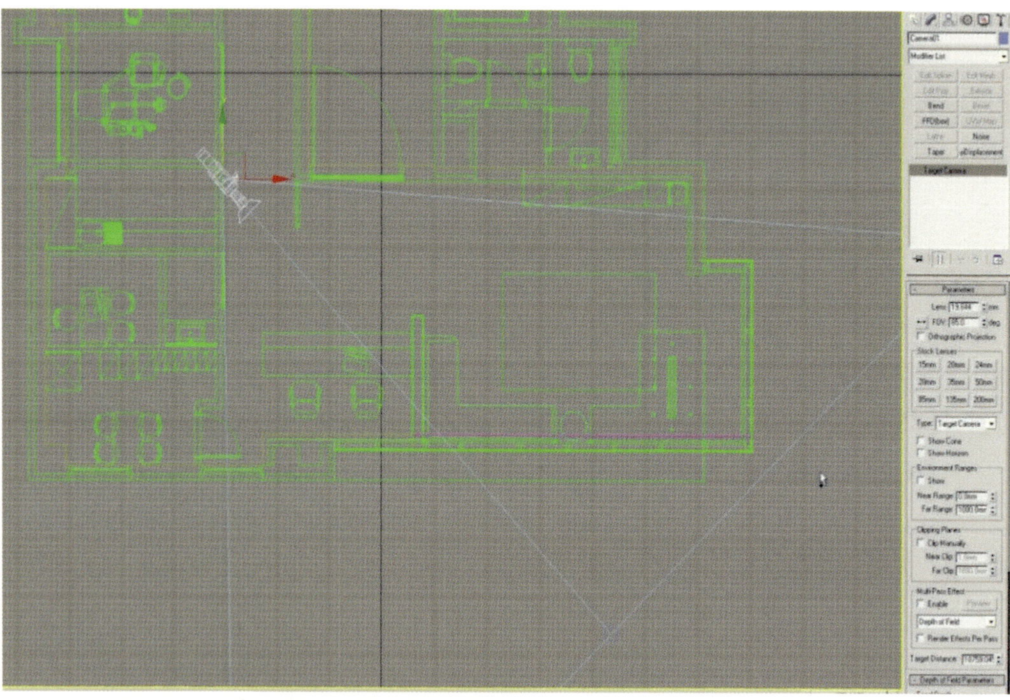

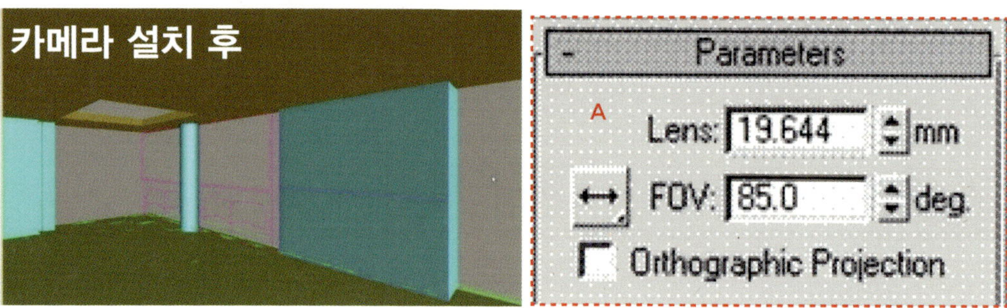

-Top View에서 카메라를 설치한다. 카메라의 높이는 H: 1500으로 이동시키고 카메라
 의 A Parameters 값을 입력한다.

Step4.

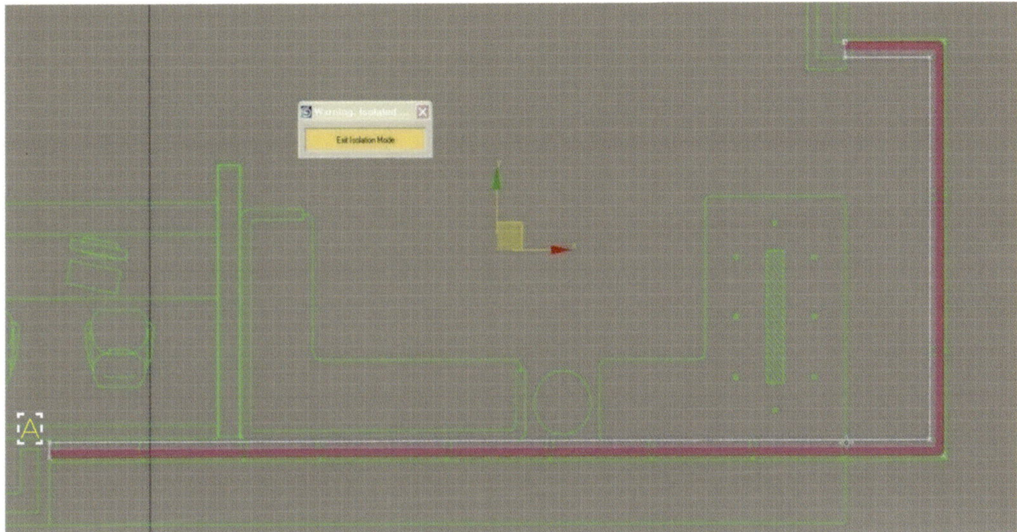

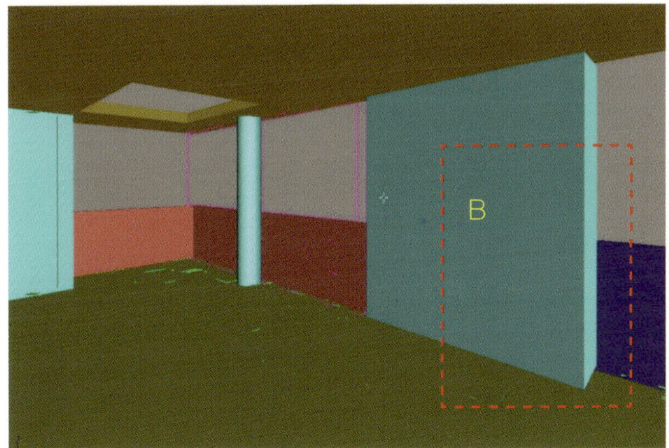

─A Line을 이용하여 창가 쪽 하부 벽체를 만든다. 라인으로 그림의 붉은색 선을 따라 그
리고 Modify→Spline→Outline의 값을 '120' 입력하고 Extrude의 값은 '1000'을
입력한다. B 반대편의 창가 쪽 하부 벽체도 동일하게 만든다.

Step5.

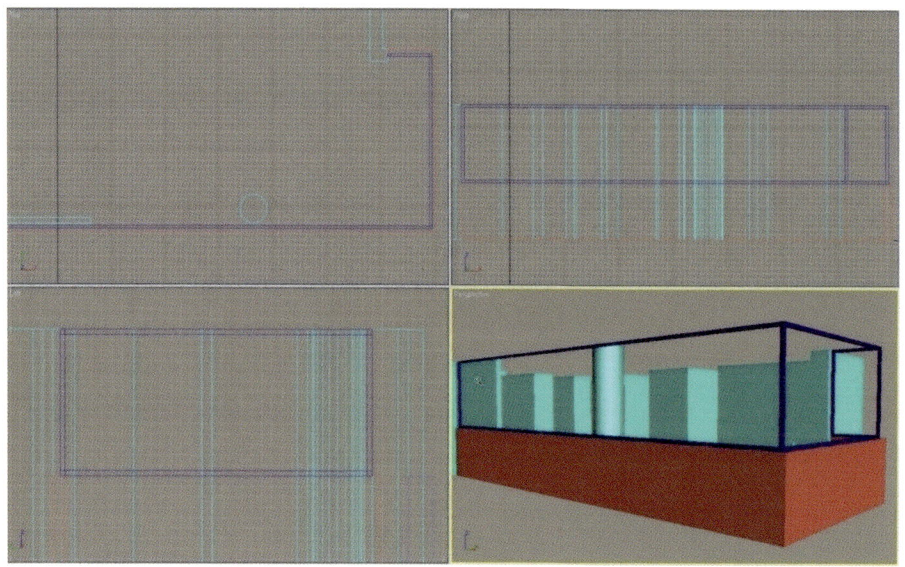

* 창문 틀 만들기

–Shape의 Rectangle을 사용한다. (그림의 파란색 Line)

–Modify 〉 Spline 〉 Outline값을 '50'으로 입력하고 Extrude값은 '50'을 입력한다.

–유리를 만들기 위해 창문 틀의 Spline 〉 Detach Copy를 사용하여 3개의 유리
를 만든다.

유리의 두께는 '10'으로 한다. 유리는 프레임 중간에 배치한다.

반대편 창문 틀과 유리도 만든다.

**3개의 프레임의 모서리가 만
나는 것을 확인한다.**

Step6.

* 유리파티션 프레임
– 스냅을 걸고 Rectangle 2180*200 그린 후
– Outline 값은 '20'을, Extrude의 값은 '20' 입력한다.
– Copy하여 그림과 같이 배치한다.

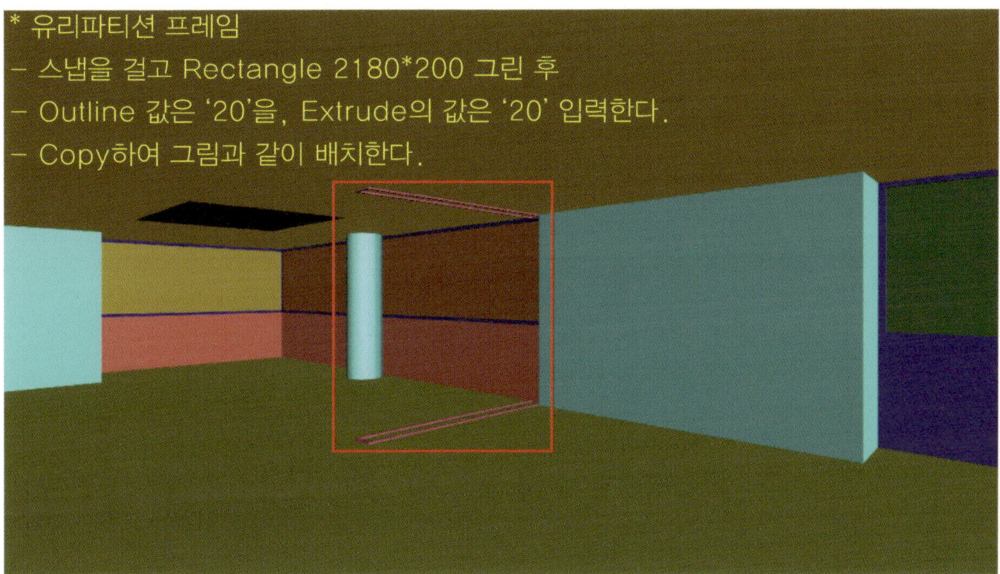

Step7.

* 유리파티션 유리
– 6의 파티션 안쪽 Rectangle을 Detach Copy한다,
  Copy한 선을 Outline(유리두께) '10'을, Extrude '2400'을 입력한다.

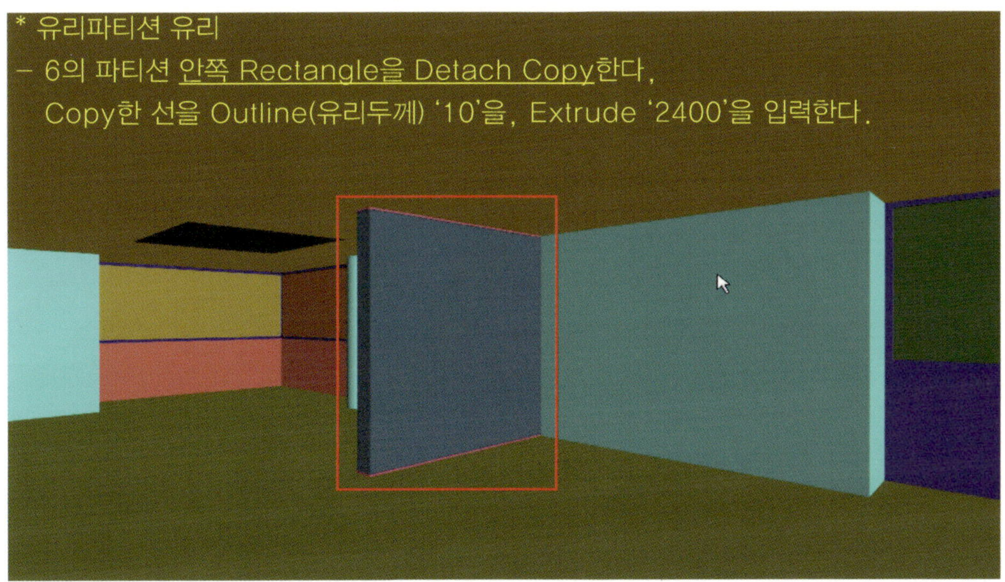

Step8.

* 카운터 뒤 데스크
- Top View에서 스냅을 걸고 Geometry→Box를 사용하여
  500*2870*850(L*W*H)을 입력한다.

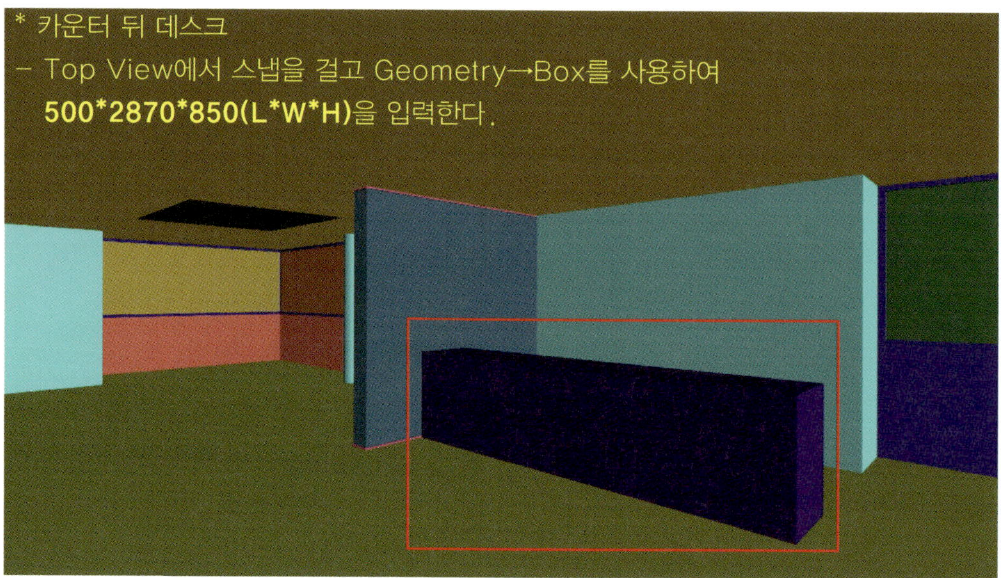

Step9.

* 카운터 앞 데스크
- Top View에서 스냅을 걸고 Geometry→Box를 사용하여
  250*2870*1100(L*W*H)을 입력한다.

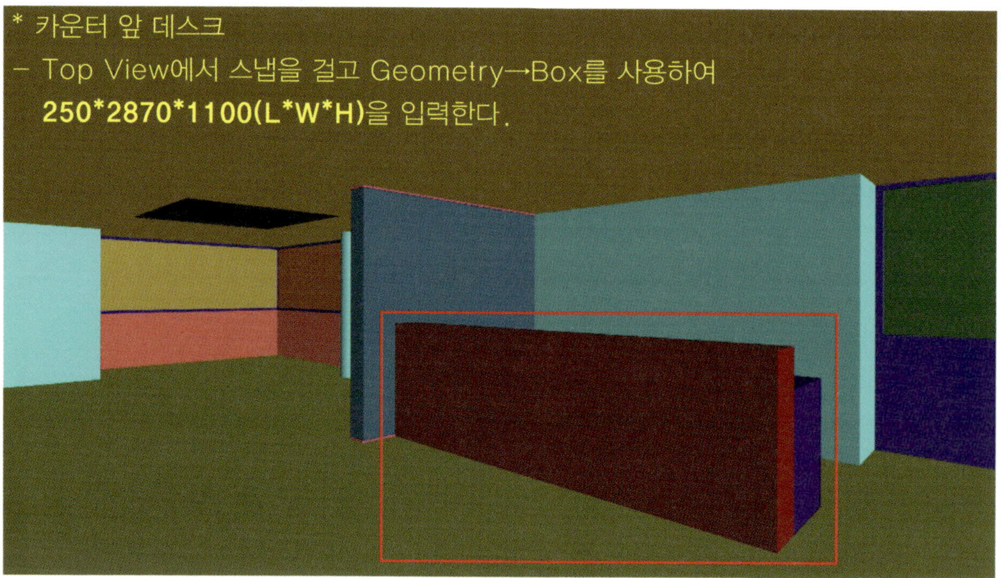

Step10.

- CAD에서 가져온 입면과 모델링된 천장만 선택하고 Alt+Q를 실행시킨다.
  (Alt+Q는 Isolate Selection기능을 한다.)
- A: 스냅을 걸고 Shape의 Line으로 입면의 천정을 따라 그려나간다.
- B: 그린 후 Spline 의 Outline 값을 '-10'을 입력한다.
- Extrude의 값은 '2000'을 입력하고 천장 간접 등 박스 위치에 배치한다.

Step11.

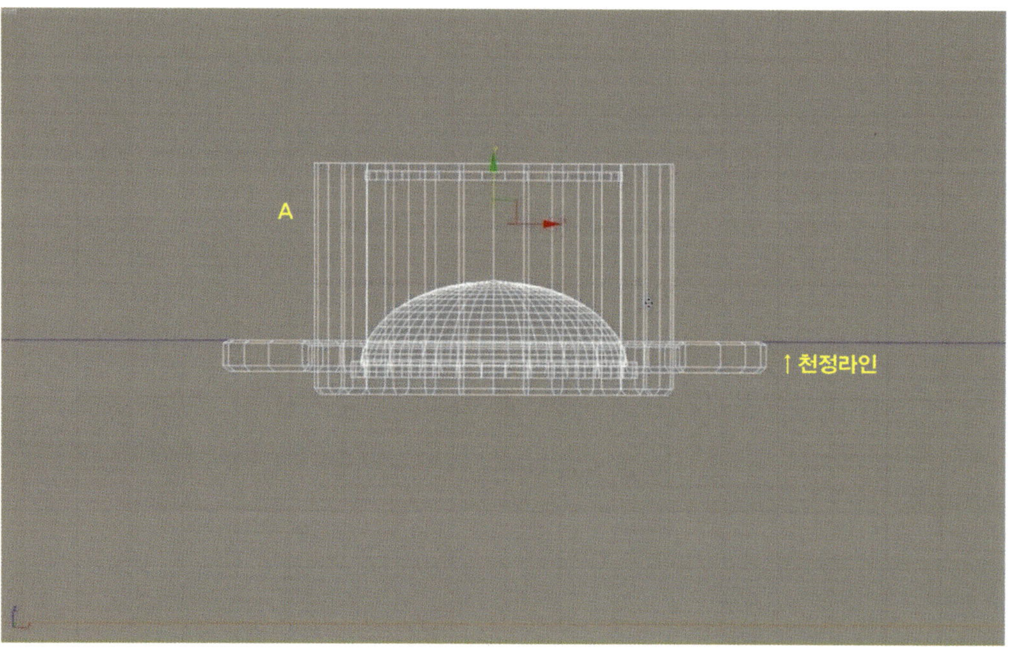

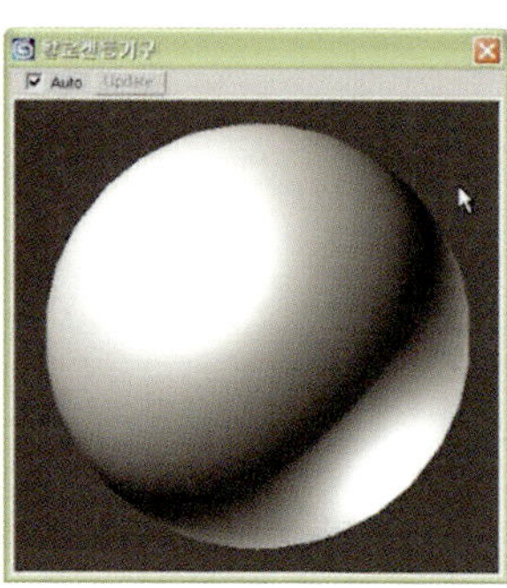

◁ 할로겐 등 기구
Blinn
 – Diffuse Color: White
 – Specular Highlights: 90, 17

할로겐 등 ▷
Blinn
 – Diffuse Color: White
 – Self Illumination color: 100

- 위와 같이 할로겐 등기구와 등조명을 불러온다. 이때 3ds Import 대화상자에 'Convert Units' 체크를 해지한다. (스케일에 맞게 들어온다)
- Front View에서 할로겐을 천장에 맞춰 그림과 같이 배치한다. 할로겐은 그림과 같이 맵핑한다.

Step12.

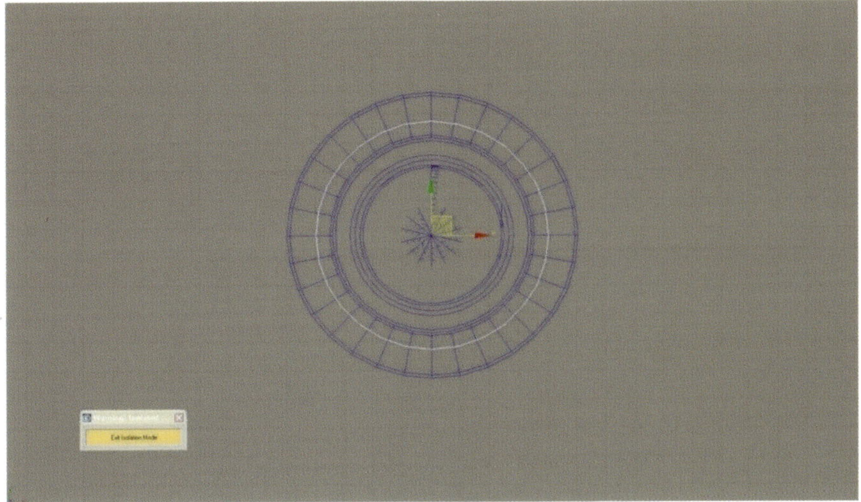

−Shape의 Circle의 Radius 값을 '40'으로 그린다.

Step13.

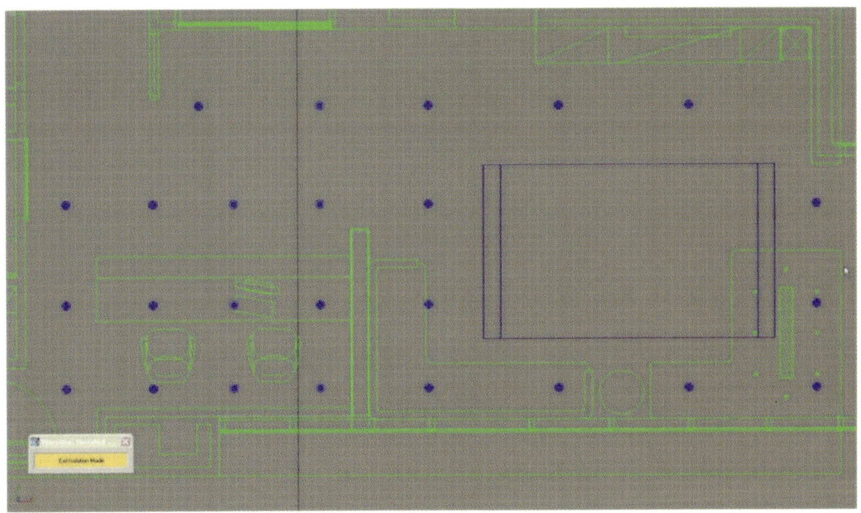

− 할로겐등과 할로겐 등 기구는 Group을 한다.

Circle과 할로겐 조명을 캐드 천장도를 참고하고 Instance Copy 한다.

Step14.

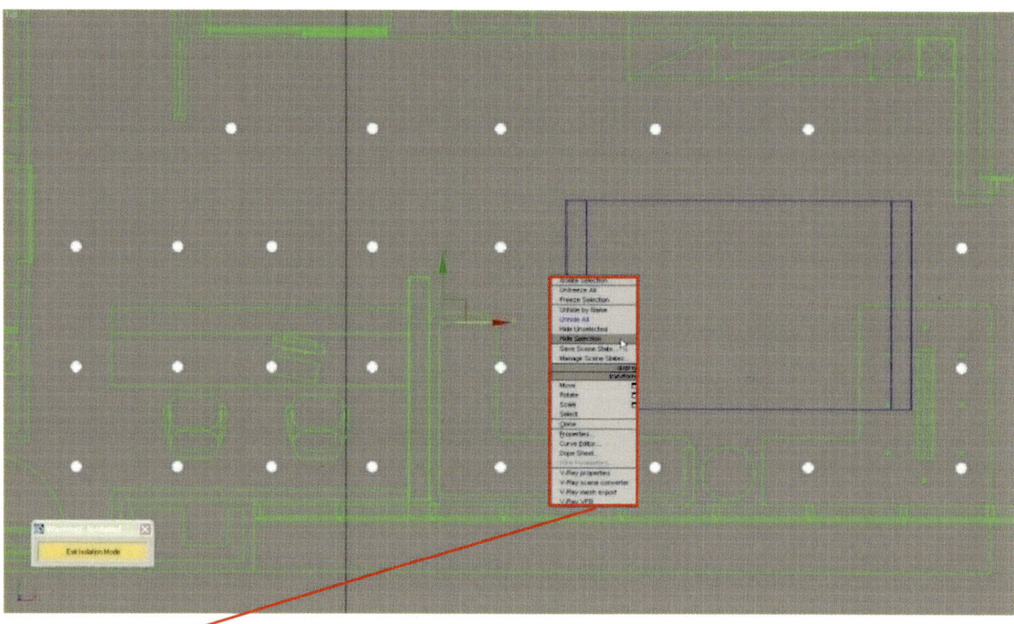

— 할로겐 등과 도면 등 천장과 Circle을 제외한 객체들을 선
  택 한 후 오른쪽 마우스를 클릭하여 Hide Selection을 클
  릭하여 객체들을 숨겨둔다.

Step15.

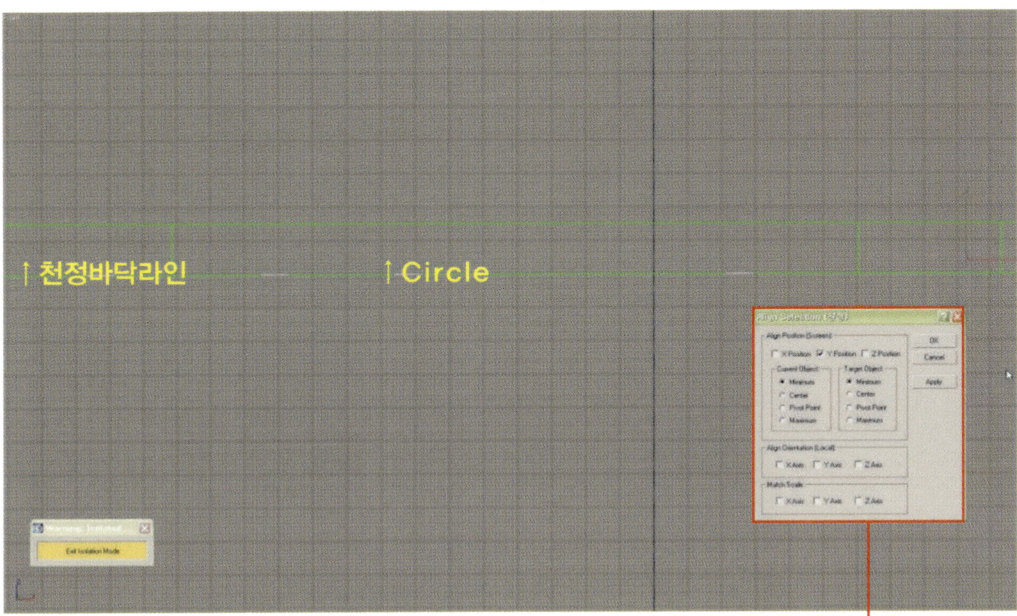

-Circle을 천장 바닥 라인에 맞추기 위해 Align을 사
용한다.

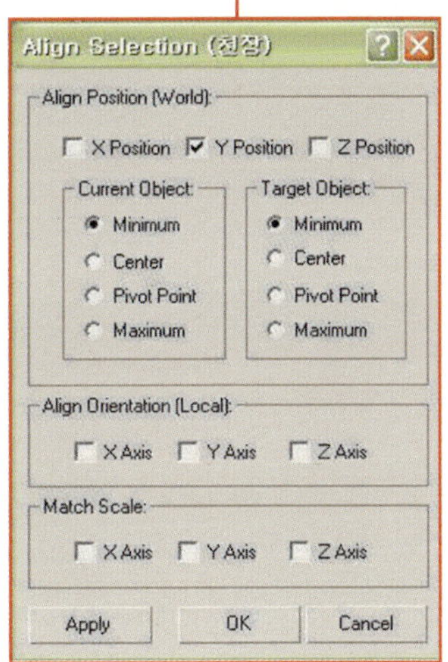

Step16.

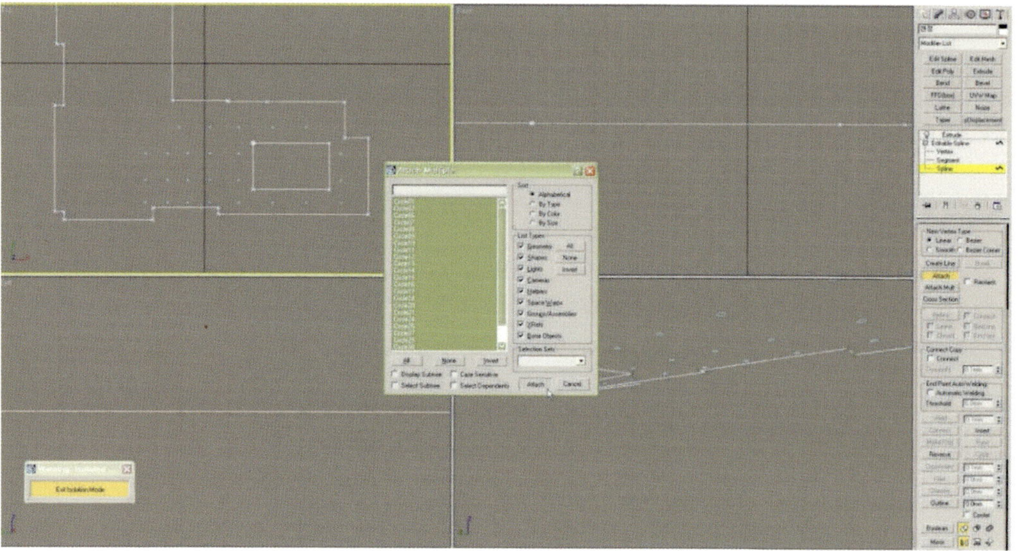

– 천장의 Modifier List로 가서 Attach Multiple을 클릭하면 대화상자가 나타난다.
  모든 Circle을 선택하고 Attach를 클릭한다.
– 뷰포트에서 오른쪽 마우스를 누르고 Unhide All을 클릭하면 모든 객체들이 다시 화면
  에 나타난다.
*할로겐과 천장이 겹치지 않게 천장에 할로겐 크기로 구멍을 만들어 주는 것이다. CAD에
  서 직접 만들어 와도 무관하다.

Step17.

병원 이름·사인 글씨 만들기

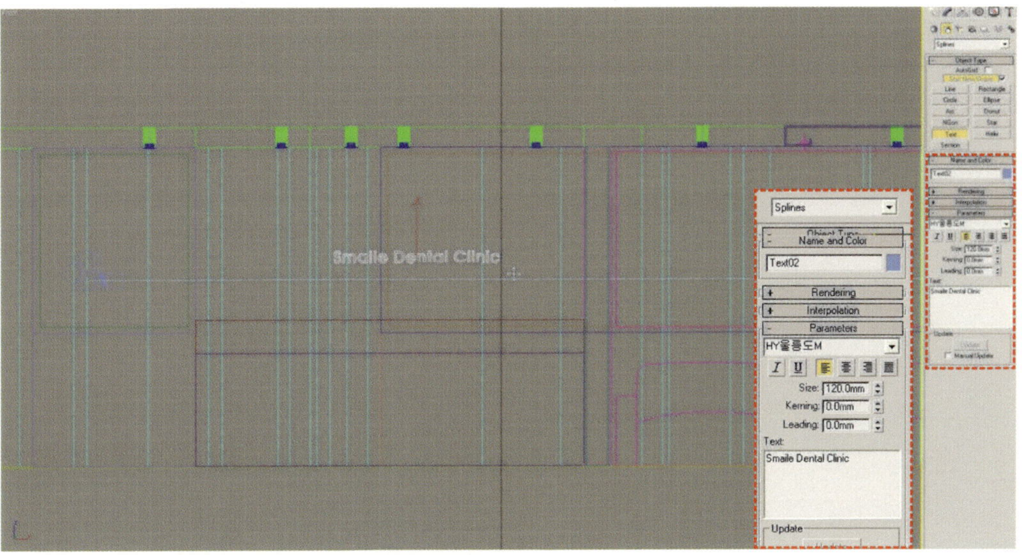

– Front View에서 Shape의 Text를 클릭하고 뷰포트에 마우스를 클릭하면 초기 설정으로 'Max Text'가 뜬다. 오른쪽 'Text'를 수정하는 칸 안에 'Smile Dental Clinic'을 입력하고 Size는 '120'을 입력한 뒤, 글씨체는 직접 설정한다. Extrude의 값은 '20'으로 입력한다.

– 'X'축으로 Mirror하고 렌더링 그림처럼 벽에 자리배치한다.

Step18.

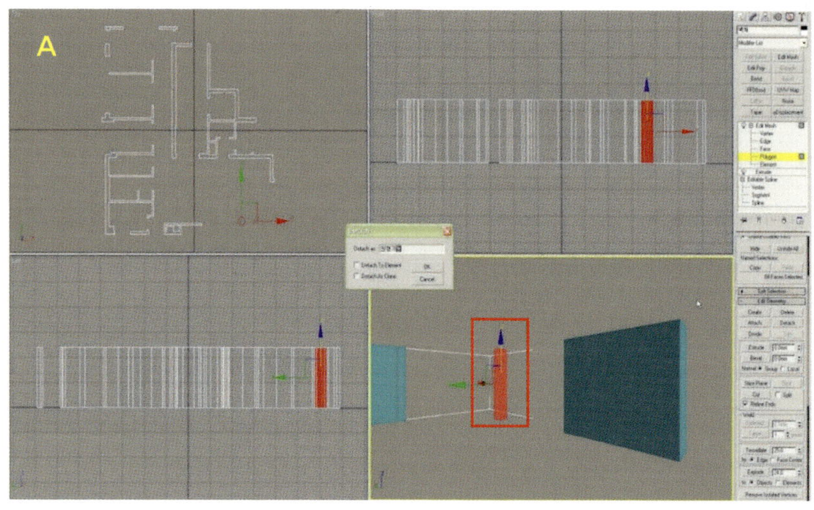

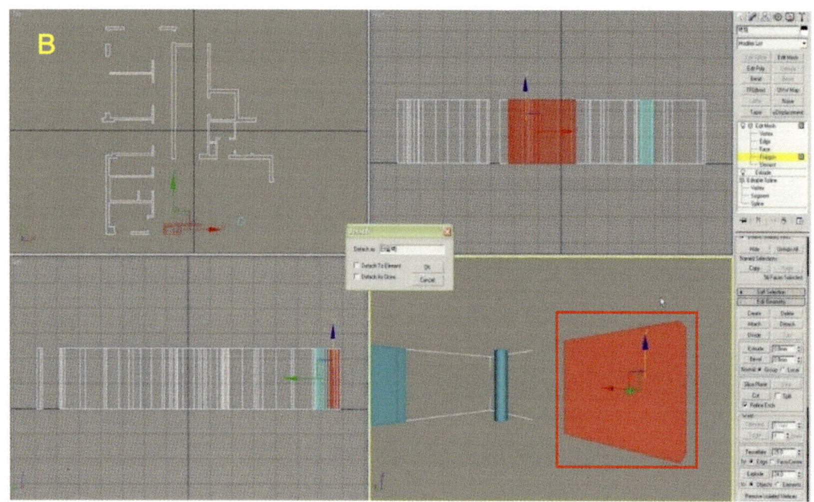

- 벽체를 선택하고 Alt+Q 를 실행한다.

  A- 벽체 Modifier List의 Edit Mesh→Polygon에서 기둥을 선택하고 Detach
   시킨 후 이름은 원형기둥으로 설정한다.

  B- 카운터 뒷벽을 선택하고 Detach한 뒤 타일벽체로 설정한다.
   (기둥과 카운터 뒷벽은 재질이 다르기 때문에 Detach한다)

Step19.

–준비된 소파를 Import하여 배치한다.

Step20-1.

–Material(조명이 설치되면 전체적으로 조정해야 한다)

* 기본벽체– 도장
– Diffuse Color R:196, G:191, B:168
– Specular Highlights: 64, 19

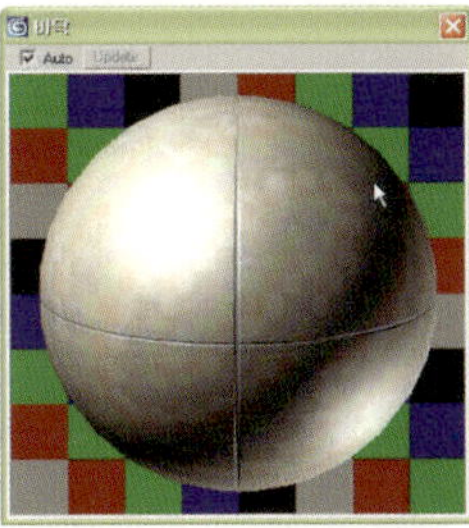

* 바닥–타일
– Diffuse Map: 보티치노
– Bump Map: 보티치노 범프 10
– Reflection: Raytrace 10
– UVW Map: Box 1200*1200*1200

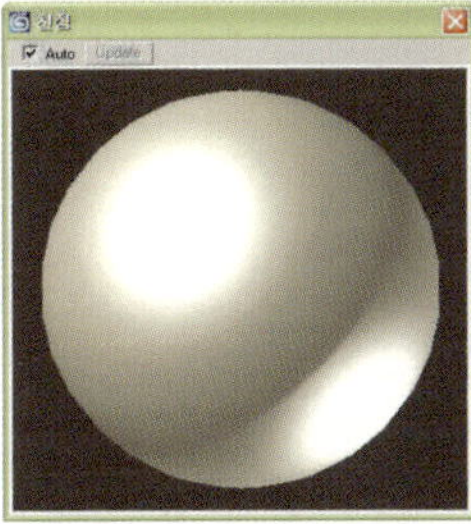

* 천장– 도장
– Diffuse Color R:207, G:202, B:185
– Specular Highlights: 102, 18
– Self Illumination Color: 50

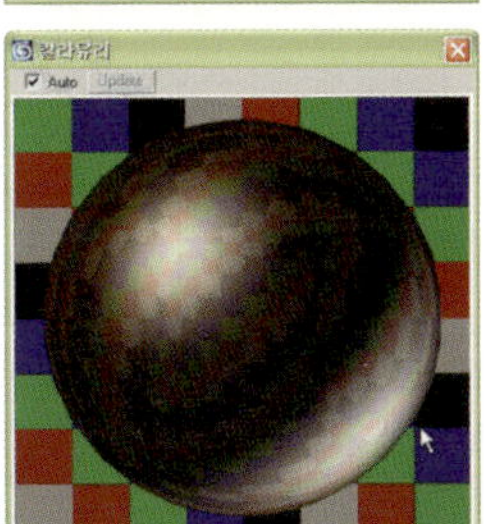

* 카운터 옆 파티션– 브론즈경
Phong
– Diffuse Color R:30, G:16, 0 – Specular
  Highlights: 82, 20
– Bump Map: Noise 10 (Noise 하위메뉴의 사이즈 10)
– Reflection: Raytrace 20

Step20-2.

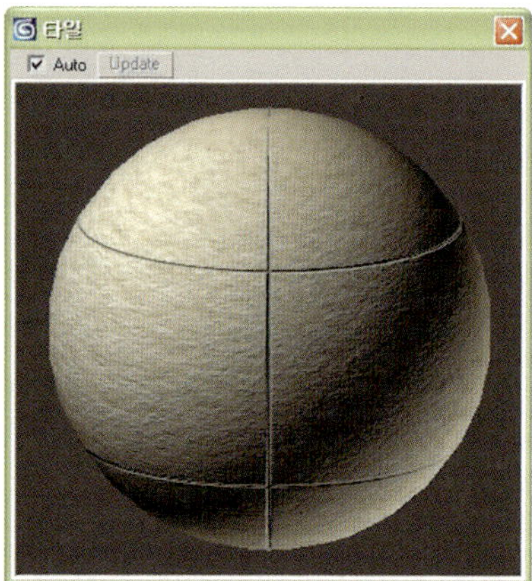

* 카운터 뒷벽-타일
  - Diffuse Map: 타일
  - Bump Map: 타일 범프 30
  - UVW Map: Box
    1200*1200*900

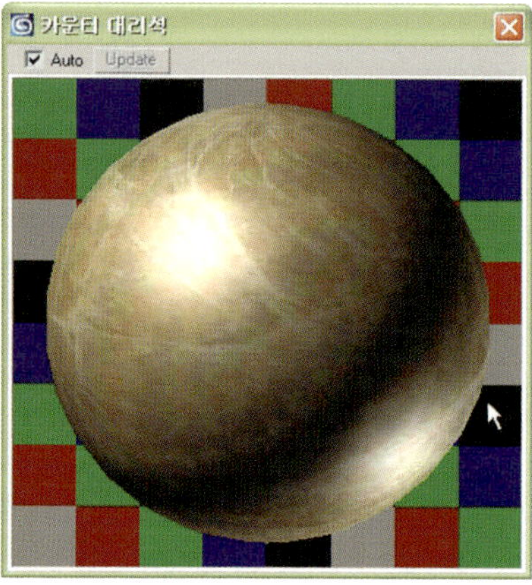

* 카운터 앞 데스크-대리석
  - Diffuse Map: 엠페라도라이트
  - Specular Highlights : 65, 25
  - Reflection: Raytrace 7
  - UVW Map: Box 800*1600*1100

* 카운터 뒤 데스크- 무늬목
  - Diffuse Map: Oak
  - Bump Map: Oak bump 30
  - UVW Map: Box 600*600*600

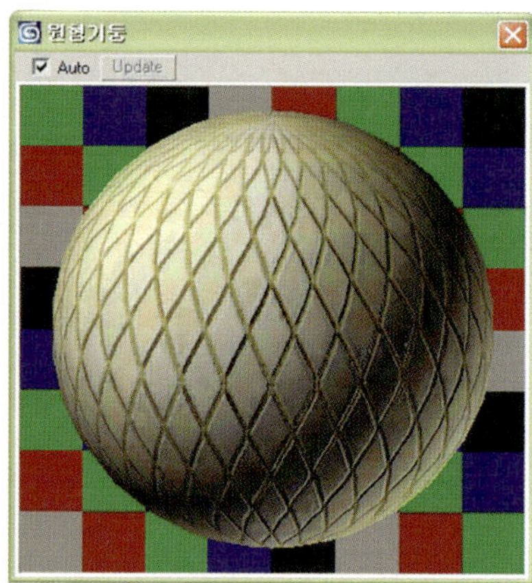

* 원형기둥-모자이크타일
  - Diffuse Map: 모자이크
  - Bump Map: 모자이크
  - UVW Map: Cylindrical 400*400*400

Step20-3.

*창문유리

– Phong

– Diffuse Color R:163, G:194, B:159

– Ambient Color R:10, G:29, B:0

– Reflection: Raytrace 10

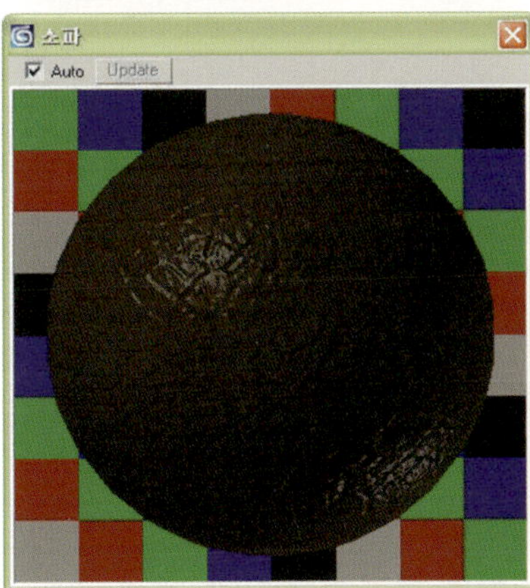

*소파– 가죽

– Diffuse Color R:38, G:32, B:11

– Specular Highlights: 36, 49

– Bump: leather bump 20

– Reflection: Raytrace 5

– UVW Map: Box 600*600*600

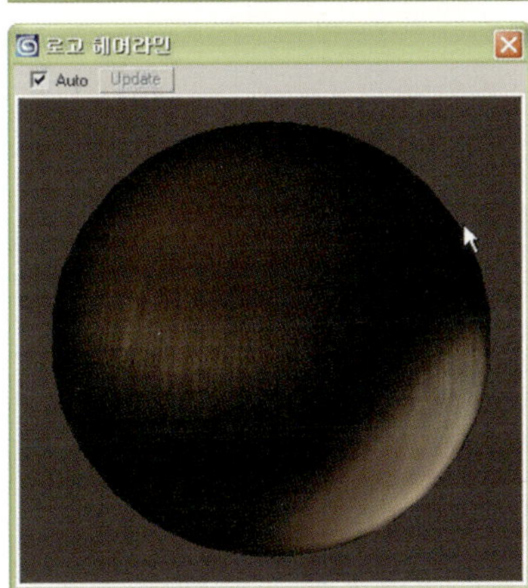

*창문 틀, 파티션 프레임, 소파다리, 로고

– 헤어라인

– Metal

– Diffuse Map: Metal

– Specular Highlights: 146, 46

– UVW Map: Box 600*1200*600

Step21.

-최종 렌더링을 걸어본다(F9).

최유식(CHOI YOOSIK)

PRATT INSTITUTE INTERIOR DESIGN학과 대학원 졸업
경희대학교 조형디자인학과 산업디자인 전공 박사과정 재학 중
㈜ARS DESIGN 설계실 근무
㈜엔이티 디자인 설계실 근무
유한대학 강의전담교수
유한대학 산학협력교수
현) ㈜네트 디자인 대표이사

경인여자대학 출강(포토샵, 일러스트, 인터넷 과목)
가천대학교 출강(디스플레이, 캐드, 포토샵, 3D MAX 과목)
한성대학교 출강(포트폴리오, 교양 캐드 과목),
덕성여자대학교 출강(디지털 포트폴리오 과목)
유한대학 출강(3D MAX, 캐드1, 2, 3 컴퓨터 기초, 컴퓨터그래픽, 실내디자인 과목)

『인테리어 디자이너를 위한 포인트 AutoCad』(2007)

3Ds MAX
인테리어 디자이너를 위한
실무연습 3Ds Max Instruction
Guide for Interior Designer

초판인쇄	2012년 3월 8일
초판발행	2012년 3월 8일
지은이	최유식
펴낸이	채종준
펴낸곳	한국학술정보(주)
주 소	경기도 파주시 문발동 파주출판문화정보산업단지 513-5
전 화	031) 908-3181(대표)
팩 스	031) 908-3189
홈페이지	http://ebook.kstudy.com
E-mail	출판사업부 publish@kstudy.com
등 록	제일산-115호(2000. 6. 19)
ISBN	978-89-268-3164-9 13560 (Paper Book)
	978-89-268-3165-6 18560 (e-Book)

 는 한국학술정보(주)의 지식실용서 브랜드입니다.